CAFÉ & GÂTEAUX

ASIA COFFEE AND WESTERN-STYLE PASTRY

U0317217

亚洲咖啡西点

十二星座甜品

主编 王森

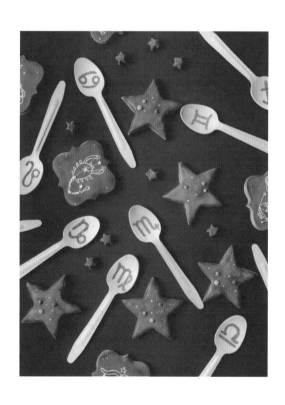

青岛出版社
QINGDAO PUBLISHING HOUSE

书名：亚洲咖啡西点 十二星座甜品

总编辑：王 森

主编：张 婷

国际特邀主编：

印尼 *Bareca Magazine* 主编 张辉德

出版发行：青岛出版社

社址：青岛市海尔路 182 号（266061）

本社网址：http://www.qdpub.com

邮购电话：17712638801 0532-85814750（传真）

0532-68068026

组织编写：王森国际咖啡西点西餐学院

支持发行：西诺迪斯食品（上海）有限公司

常州市森派食品有限公司

日本果子学校

韩国彗田大学

图书在版编目（CIP）数据

亚洲咖啡西点：十二星座甜品 / 王森主编 . -- 青岛：青岛出版社，2017.11

ISBN 978-7-5552-6276-3

Ⅰ . ①亚… Ⅱ . ①王… Ⅲ . ①西点 - 制作 Ⅳ . ① TS213.23

中国版本图书馆 CIP 数据核字 (2017) 第 265824 号

策划编辑：周鸿媛

特约组稿：张 婷

责任编辑：纪承志

特约编辑：施方丽

装帧设计：夏 园

插画设计：夏 园

翻译：缪蓓丽

文字编辑：栾绮伟 缪蓓丽 沈聪 孟岩

摄影：刘力畅 王飞 葛秋成

制版：青岛艺鑫制版印刷有限公司

印刷：青岛海蓝印刷有限责任公司

出版日期：2017 年 11 月第 1 版 2017 年 11 月第 1 次印刷

开本：16 开（710 毫米 × 1010 毫米）

印张：7

字数：100 千

印数：1-2700

书号：ISBN 978-7-5552-6276-3

定价：48.00 元

编校质量、盗版监督服务电话 4006532017

（青岛版图书售出后如发现质量问题，请寄回青岛出版社出版印务部调换。电话：0532-68068638）

星座是个很玄妙的东西，一群群恒星、一个个神话，竟构成了我们所熟知的十二星座。但这些看似很遥远的星群却与我们的命运相关，每个人从出生就有相对应的星座，同一个星座的人都有相类似的性格和行为特点。星座在古代广泛应用于导航，虽然其重要性在现代已相对降低，但星座并没有失去它的魅力，通过引人入胜的传说，在现代年轻人中掀起一股星象学风潮。

本期"主题季"的内容是"十二星座"。不知从何时起，星座渐渐成为了我们的行事指南，"星座配对"、"水逆"、"每日运势"等已经贯穿了生活的点点滴滴。每个星座都有独特的性格特征，那会不会有专属十二星座的甜品呢？本期我们将解读十二星座所喜爱的甜品，把每个星座的个性都隐藏在天然乳脂之下，寻找你的专属甜品。

为方便读者取阅参考，本期"名店报道"特别设计为单独书册，带你探访国内外知名烘焙店，详解热门面包店、甜品店的经营管理理念，展示店铺风采，为想创业的读者提供思路！"主编推荐"与研发有约，推出大师倾注心血的最新力作，用新眼光看待老事物，总能捕捉到藏在深层次里可以变化的因素，对待甜点，亦当如此。

"技术讲堂"细说西点技艺，倾囊相授，共同进步；"前沿资讯"一如既往地呈现名厨名点，名厨配方、知名品牌新品层出不穷；"品味时光"专注大师采访，近距离接触心目中的大师，一场与西点巅峰思想的对话！

Café & Gâteaux 得以发展并日渐成熟，得到了日本果子学校、常州市森派食品有限公司、印尼 *Bareca* 杂志、西诺迪斯食品（上海）有限公司、东京烘焙职业人、意大利 *SilikoMart* 杂志等的大力支持，致以感谢。

我们力求把杂志做得应时应景，更具实用性和时尚性，让更多西点爱好者能热情地参与其中。我们的目标是让 *Café & Gâteaux* 成为每一个美食人一生的好搭档，并为此不懈追求与努力！祝大家心情愉快！

2017 年 11 月

总编辑：王森

他，被业界誉为圣手教父，弟子十万之众，残酷的魔鬼训练打造出世界级冠军。

他，是国内最高产的美食书作家，200 多本美食书籍畅销国内外。

他，是跨界大咖，颠覆性的想象将绘画、舞蹈、美食完美结合的美食艺术家。

他，被欧洲业界主流媒体称为中国的甜点魔术师，是首位加入 Prosper Montagne 美食俱乐部的中国人。

他，联手国际顶级名厨 300 多位成立上海名厨交流中心，一直致力于推动行业赛事挖掘国内精英人才。

他就是亚洲咖啡西点杂志、王森美食文创研发中心创始人、王森国际烘焙咖啡西餐学院创始人——王森。

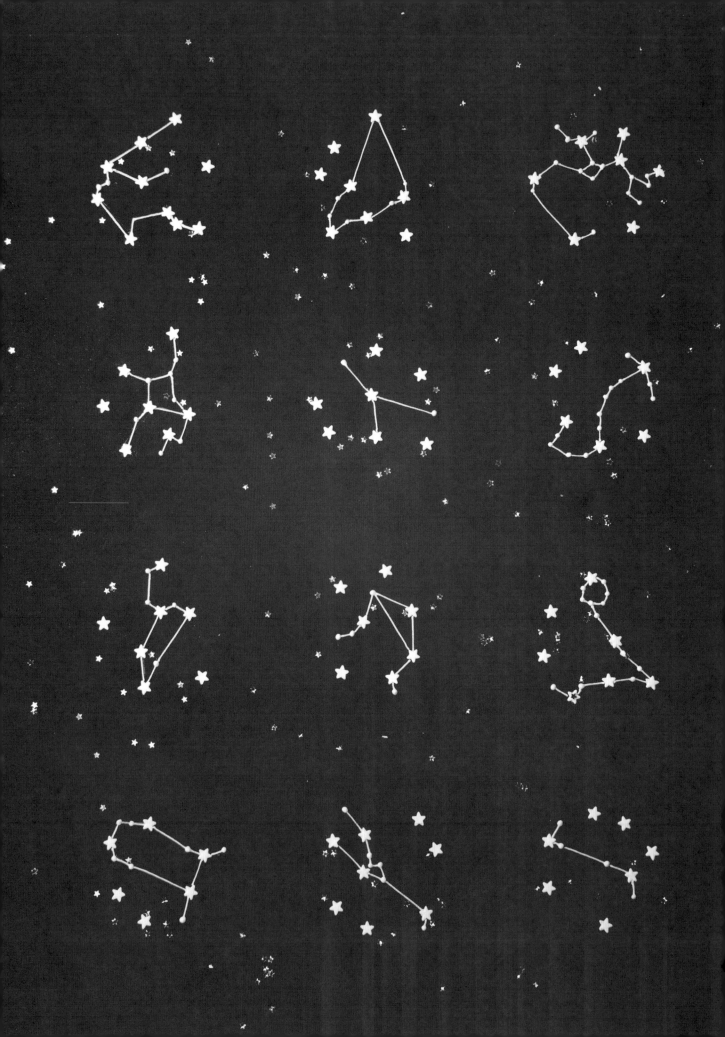

张 婷

主编

王森国际咖啡西点西餐学校高级技师、*Café & Gâteaux* 杂志主编、
省残联考评员、多家烘焙杂志社特约撰稿人，参与出版发行了专业书籍230余本。

EDITOR'S NOTE
编者语

"天上的星，看不透人的眼睛；地上的人，读不透漫天繁星。"明朗的夜空，看繁星闪烁，编织着每个星座的传说，描绘着每一颗星球的故事。流星划过，许下最美的愿望，回忆随弧线一幕幕浮现在眼前。

每个生命都是独一无二的，从刚出生时空白的画布，到暮年绚丽多彩的画卷，不同的生活轨迹将带来别样的精彩。浩瀚的宇宙中，每一颗行星都有自己的运行轨道，绕着中心周而复始地运动。

占星学所研究的是流动的宇宙能量，解读人的天性禀赋和与生俱来的挑战。十二星座是占星学中我们最为熟知的形式，将星空分为若干个区域，每一区就是一个星座，当生命诞生时，星体落入某个方位，这决定了一个人的先天性格和天赋。

每个人先天性格都有很大差异，这就决定了代表星座的颜色、花或是幸运数字都有所不同，同样地，美食与星座也有着微妙的关系，每个星座也都有属于自己的一份甜蜜味道。

甜品无疑是所有人都无法抗拒的诱惑，何况是一款懂你的甜品。大多数人在心情不好的时候可能都会选择一份甜品来满足自己的味蕾，舒缓一下压力，而甜品也是爱的传递者。在这些琳琅满目的甜品中，当你能享受一份私人订制的星座甜品，何尝不是一种身心的愉悦。

入夜，映入眼帘的可能是星光或是柔和的月色，空气中弥漫着甜甜的香气，静待你品尝这一口专属的甜蜜，细数银河边明明暗暗的星座，该是怎样的一幅幸福画面。

CAFE
GATEAUX

CONTENTS

CONSTELLATIONS AND STARRY SKY

夜深人静时，独坐窗前，仰望星空，有时会有数不过来的星星，而有时却一颗都没有。事实上，无论能不能看到，它们都在宇宙中围绕着自己的中心进行着公转与自转，就像是地球围绕着太阳、月球围绕着地球一样。

人类作为食物链的最顶端的生物，往往会有一种盲目的优越感，认为可以掌控一切。殊不知在广阔的自然面前，人类渺小如尘埃，甚至在宇宙中，地球也没有我们想象的那么庞大，只是数亿行星中的一颗。也许，宇宙中有很多像地球这样的星球，有自然，有生活，可能在不久的将来就会被发现。幸运的是，在浩瀚星河中我们能有缘遇见。

点与线

连接着你和我

十二星座的故事

我与你的故事

THE STORY OF CONSTELLATIONS

随着科技的不断进步，人们对宇宙的认识也越来越深入，自古代以来，从对恒星的发现到将一群群的恒星组合联系成星座，都展现出了人们对恒星排列和形状的浓厚兴趣。在西方占星学上，星座大多是以古希腊神话为基础而命名的。通过对星座的划分，使每一颗恒星都属于某一个特定的星座，在黑夜中指引着方向，这对古代航海等领域的探索有功不可没的作用。

我们现在所熟知的十二星座是众多星座中的一部分，古人发现宇宙中日月星辰的运行影响着万物兴衰，甚至是人类的命运。经研究发现，当地球运行到特定星群出生的人，会有相似的性格和行为特征，因此星座对人的命运也有一定的影响。

从古至今，宇宙一直是人们不断探索的对象，由于星座与人类命运之间有着神秘的联系，人们总期望能预知自己的命运，因此吸引了大量学者对此进行研究，才有了我们现在所熟知的星座解读。

SCORPIO
天蝎座

Author || 缪蓓丽　　**Photographer** || 王飞

天蝎座是黄道十二星座中最显著的星座。

时间：10 月 24 日~11 月 22 日

位于天秤座和人马座之间。

中心位置：赤经 16 时 40 分，赤纬 −36 度。

夏季出现在南方天空，蝎尾指向东南，在蛇头、人马、天秤等星座之间。

α 星（心宿二）是红色的 1 等星。

疏散星团 M6 和 M7 肉眼均可见，座内有亮于 4 等的星 22 颗。

天蝎，生于深秋。

性喜静，意清幽。

爱之切，怨亦深。

本质轻名利，

但拥有成名得利的天赋。

CAFE & GATEAUX

ASIA COFFEE AND WESTERN-STYLE PASTRY

十二星座甜品

名 店 报 道
NEW INFORMATION

别 册

MONDIAL KAFFEE 328

大阪·北堀江地标性咖啡馆

By || 鸿烨

今天我们将视线先转移到日本大阪，在这里你将明显感觉到都市的喧嚣感与快节奏，这里的咖啡馆多数给人的感觉和京都的大为不同，少了慢条斯理地娓娓道来之意，多了浮躁喧嚣中选择停留之美。

夜晚探店似乎并不是理想之选，因为夜间的光线总不能很好地传递出全部信息，但在大阪这样一个繁华都市里，拥有一次夜间探店经历，却多了几分我前段所提到的"浮躁喧嚣中选择停留之美"。这家咖啡馆是位于日本大阪府大阪市西区北堀江 1 丁目 6-16 的 MONDIAL KAFFEE 328。

你能明显地感知到大阪的咖啡馆营业时间要比京都咖啡馆多三四个小时，这也是和都市人的作息时间吻合的。这是一间以郁金香压纹拉花著称的咖啡馆，店内的主理人田中大介也算是咖啡界里的名人了，他曾连续获得 2014 年的 Coffee Fest 波特兰站的第三名以及 2015 年 Coffee Fest 大赛芝加哥站的冠军。中国台湾出版的《咖啡师生存之道》一书中也对田中大介有着很具体的介绍。

通过店门口这块正反面的黑板菜单，你大致能了解到这家咖啡馆除了提供各式咖啡和甜品之外，也会为上班族提供早午餐。走进店内，这里面积并不大，但还是提供了很多客座且几乎座无虚席。

我也实在无法将店内全部场景都拍摄还原，因为当我正准备要拍的时候，又是一大波的人"涌"进咖啡馆，确实生意很棒。

在这里依旧是吧台点单后才可入座，和大多咖啡馆的选择形式一样，这里也有很多小甜品，并且都是当日新鲜烘焙，你可以一并在点咖啡的同时来上一块，这次我点了一杯卡布奇诺和一杯拿铁，这里的拿铁应该算是招牌了，额外还点了一份带有小番茄和核桃仁的布朗尼蛋糕以及一份大块巧克力曲奇。

这家店内属于比较复古的美式风格，在日本这样的亚洲国家中，多少还是充满了异域风情，家具摆设的用色也很浓烈，与四周墙壁形成呼应。

MONDIAL KAFFEE 328 店内吧台上所使用的咖啡机是一台双头的 Slayer，外观也是标准经典款的官方配置。磨豆机是经典的安啡姆，这个磨豆机品牌在探店中不算多见，但安啡姆的机器还是非常霸气的，其性能和品质一点也不输给迈赫迪。身后还有一套爱惠浦的净水设备，可以说这一套店内装备算是非常高端的配置了。

很特别的一点就是似乎在蛮多拥有 Slayer 咖啡机的咖啡馆内都会将 Slayer 当初的包装木盒作为墙上装饰物，这种隐含的呼应元素将咖啡馆的美式复古氛围被烘托到极致。

在店内中间还有一块咖啡馆周边贩售区，对于品牌化路线的咖啡馆，大多喜欢选择出售咖啡周边产品这种方式来强化品牌心智。

一只简单的咖啡杯，底部写着"THANK YOU"，想想饮尽一杯咖啡以后，留下这样一句暖心的话语，也是很不错的。

不一会儿，我的卡布奇诺就端到面前了，这个名为"一箭穿心"的拉花算是此行遇见的最暖心的存在了，很喜欢也很特别，似乎那是一种好运气的象征，给予自己一个愉快的夜晚。

搭配上我心爱的大块巧克力曲奇，口感之间的交融，使得口腔内的风味更富有层次感，非常绵密柔和的奶泡，给人以温顺的气息。

另外这杯店内招牌拿铁，算是咖啡师的得意之作，口感非常柔和，奶泡与咖啡的比例恰到好处，而这组郁金香压纹也堪称店内招牌图案，国内也有很多咖啡师喜欢练习这个图案，别致而饱满，一口口下去都是好心情，两个字：畅快！

这里奶与咖啡的融合度还可以，饮用到底部拉花也不会分散，我曾经也多次有过这样的体验，好的融合度就是自始至终都能长存保持图案的完整度，最后一饮而尽，将花型尽收嘴中。

这份布朗尼剔除了传统布朗尼的厚重口感，核桃仁算是布朗尼的标配，但多了小番茄的加入，口感上变得奇妙多了，会一定程度上中和布朗尼的甜腻与厚重，变得非常轻盈。

如若你到访大阪，我还是建议来此坐一坐，MONDIAL KAFFEE 328 蛮适合晚上去的，总觉得白天都市快节奏的奔波，似乎人们都忘记真正要服务于内心的事物到底是什么，选择一处可停留并值得停留的地方，好好回溯一下自己，当你是静止的时候，也许才能真正看清楚这个世界。

走出咖啡馆，已接近打烊时间，夜已阑珊，身心得以舒畅。这就是咖啡馆给予每个人最大的犒赏。

THE FALLING

SNOW

IS MY YEARNING

FOR YOU

ABUTLAMB COFFEE

杭州八角杯又开新店，喊你去喝咖啡啦！

By || 鸿烨

杭州精品咖啡业在近两年的时间里，如雨后春笋般萌发着，涌现很多优秀的精品独立咖啡馆，这也是咖啡业发展浪潮中不断进化与迭代的一批，2017 年是杭城咖啡馆快速发展的一年，八角杯算是杭城在今年异军突起的一家精品咖啡馆，在今年年初以其专业的运营团队和强大的技术和设备力量，在杭州开设了第一家门店，而后经过半年的酝酿，八角杯又在杭州环城北路 309-3 号开设了第二家分店，今天就和大家一起聊聊这家新店吧。

我到访的时候还正值新店的试运营期间，不过一切都基本上步入了正常营业的状态，只是室内一些细节的设计，老板还在细致推敲，可能存在一些微调，可以说经过半年的成长，八角杯的品牌形象已经在杭州很多人的心里树立起来，这也是一种文化的渗透，所以从这第二家咖啡馆的整体形象上，就明显能感知到其品牌文化的渗透更成熟。

标志性的羊头 logo，依然如此的醒目和与众不同，就是如此吸引着你的眼球，让你过目不忘。在整体的门面设计上，将整体门面的空间充分利用，置身其中，你可以感知这里就是八角杯的世界。向上看，你能看到个性的八角杯元素涂鸦，向两边看，你能看到充满信仰与情怀的语句"Faith comes from coffee"，没错，这就是八角杯，和我半年前初见它的"性格"一样，从未改变过。

进门处，脚下一句"about lamb coffee"，欢迎着每个人的到来……

室内依旧是明亮简单的装修格调，暖色与冷色交相辉映，既不会觉得夸张，也不会过于冷淡，让你身处其中，感受那份干练与专业的环境氛围，让每个到访者都能将焦点聚集在咖啡本身，当然这也是八角杯的目的所在。

八角杯的环城北路店，沿袭着第一家店的风格，意式的豆子依旧采用的是来自加拿大温哥华的精品咖啡49th Parallel，这在杭州也是绝无仅有的存在。49th Parallel在加拿大当地也是非常知名的独立咖啡馆品牌，其曾经创下一天贩售1000多包90+蜜吻已经成为了一段佳话。49th Parallel烘焙风格多以浅烘风格为主，烘焙稳定性极佳，所以在烘焙风格上也预示着八角杯也是一家主打浅烘焙路线的精品咖啡馆。

在环城北路的新店，你会发现这里八角杯品牌周边的产品变得更多了，品牌文化多方位的传递，给予每个到访者更为丰富立体的感知。从各式八角杯文化衫、专属定制的咖啡杯，再到联合keepcup推出的定制版外带杯等等，这些都将八角杯的形象刻印在每个人的脑海里。

八角杯的客座依旧和第一家的一样，讲求的是类似于Coffee Stand的风格，这种风格很流行于欧美一些国家的咖啡馆，更多传递的是咖啡作为一种"刚需"存在，这也是现如今很多上班族和年轻人都比较习惯和挚爱之选。所以八角杯整体店内的客座并不多，但是依然有很多人喜欢这种方式，快节奏的生活，也促使人们更多关注的是我需要一杯咖啡，一杯风味不错的咖啡，而非是我要如何消耗

时光去慢慢品味。现在的我也更乐于接受Coffee Stand模式的咖啡馆，因为咖啡出品够好喝就胜过一切了。

店内咖啡设备的选用也颇为讲究，一台La Marzocco Linea mini咖啡机，短小精悍的小mini，其出品稳定性非常高，毕竟"辣妈"就是"辣妈"啊，这台单头咖啡机主要用来制作特色拿铁和短笛拿铁，这俩也是八角杯的招牌意式咖啡哟。两台意式磨豆机选用的是Mythos One黑鹰版磨豆机，而用于单品研磨的就是迈赫迪EK43了，这也是多数国内精品咖啡馆所选用的单品磨豆机装备。

另外常规的其他意式咖啡的出品，就会使用这台赛瑞蒙咖啡机，这也是连续多年比赛指定专用机型，在商业咖啡机领域里，也算是佼佼者了。

身后的净水装备，依然道出这里出品关注每一个细节，水质自然也不会放过，一套爱惠浦的净水装备，也让水质成为人们的放心原材料，风味干净度也得以保障。

八角杯除了出品超赞之外，我相信它深入人心的还有一点，那就是咖啡定价十分平易近人，力求通过较低的消费门槛，可以让更多人获得品尝一杯好咖啡的机会，我一直都觉得出品品质从未减少，定价却出奇得低，这不单纯是情怀和文化的推广，更多的是使命感使然吧，我相信八角杯这样的风格会一直延续下去，当然国内的咖啡业也需要这样的人们，不断前行！

THE FALLING
SNOW

在这里除了美味的咖啡之外，还有很不错的甜品面包来配搭，选择一款甜甜圈是我在这里的标配点单了。一杯短笛拿铁，加上一块咖啡味的甜甜圈，简直就是完美的存在。短笛拿铁一如既往的出品稳定，奶与咖啡的融合度非常棒，入口很柔和，风味平衡中Body 感也很不错，非常非常顺滑，基本上我四五口就干杯了。如若意犹未尽，还可以点一杯卡布奇诺，对于美味的存在，始终最让自己没有抵抗力。

2017 年 1 月，在杭州有了第一家八角杯咖啡馆，2017 年 6 月，在杭州有了第二家八角杯咖啡馆，时隔半年的酝酿，稳扎稳打的筹备，八角杯从未让喜爱它的人们失望过，我觉得这才叫做咖啡职人的品质吧，不骄不躁，不卑不亢，明确自己要什么，明白能给予什么，剩下的，就交给时间去印证吧。

啡香之旅

店面名称

沐汐与花季

售卖产品

咖啡
甜点
西餐

店面地址：
寿桃湖路与玉山路交叉
口往北 400 米处

¤ 店面介绍

倚金山而偎寿桃，我在等风也等你。"沐汐与花季"，一家文化创意艺术餐厅，它不仅是咖啡馆或面包店，更不仅仅只是轻餐厅或甜品店，它是一家多元化的艺术展示馆。

在这里，不仅有美食，还有艺术，提供视觉和味觉的双重极致享受；在这里，不仅有面包，也有爱情，你可以听别人的故事，也可以诉说自己的故事。

这里有世界一流的甜点大师，亲自设计每一款甜点；这里有欧洲复古风的店内陈设，带来浓浓的欧式风情；这里有正宗法式餐点，享受不一样的异国浪漫。

高级咖啡原料和手工冲泡技巧，回归咖啡最原本的味道；进口面粉原料以及精心的制作，每一个面包都是匠心之作；营养搭配的时尚轻餐，珍馐健康两不耽误。

360 度无死角、全透明的玻璃操作间。把后厨操作间公之于众。厨师们制作餐点的全过程，顾客全都可以尽收眼底，所点菜品从制作到上桌，都能够一目了然。真正做到问心无愧，把食品安全贯彻到底。

¤ 产品介绍

沐汐绅士 39 元 / 杯
拿铁雕花咖啡；那年邂逅，不
住地追寻，守望轮回般的相遇。

花季佳人 45 元 / 杯
拿铁雕花咖啡；一次次的离
别，背影渐行渐远。

沐汐 / 花季芝士 18 元 / 份；礼盒：96 元 / 盒
用芝士点缀年轮，时间的年轮里不期而遇的邂逅，
命运裹挟下的追寻，期待，再次的相遇。

金山蛋糕 158 元 / 盒
总有一些东西，需要被人们记住。辉煌过后的
寂灭，寂灭之后的重生，时间年轮不停转动。
期待，再次相遇。

¤ 店主介绍

他，被业界誉为圣手教父，弟子十万之众，残酷的魔鬼训练打造出世界级冠军。
他，是国内最高产的美食书作家，200 多本美食书籍畅销国内外。
他，是跨界大咖，覆性的想象将绘画、舞蹈、美食完美结合的美食艺术家。
他，被欧洲业界主流媒体称为中国的甜点魔术师，是首位加入 Prosper
　　Montagne 美食俱乐部的中国人。
他，联手国际顶级名厨 300 多位成立上海名厨交流中心，一直致力于推动行
业赛事挖掘国内精英人才。

他就是亚洲咖啡西点杂志、王森美食文创研发中心创始人、王森国际烘焙咖啡
西餐学院创始人——王森。

<table>
<tr><td>

店面名称

知味恋歌

售卖产品

咖啡
甜点

店面地址：
苏州市吴中区旺山经济
开发区

</td><td></td></tr>
</table>

¤ 店主介绍

【藏于深山中的宁静】

当我想要独品一杯咖啡，当我想要邀你分享，我需要一片宁静。

已经太久没有这样享受一段静谧的时光。

春有鸟啼，夏有蝉鸣，秋天的落叶，冬天的飘雪，宁静中我捕捉到这些自然的美妙声音。怎样拉长一段时光，生命是在慢慢地欣赏中，慢慢地流逝。

深山中潺潺的流水，有风拂过。

香醇而微涩的咖啡，这就端起吧，勾勒出一个浅浅的微笑。

—— 知味恋歌。

一个恋者，记忆中的咖啡店。

店面名称

上海东郊宾馆

售卖产品

**酒会、自助、茶歇、
下午茶、婚庆、贵宾
接待等相关甜点和
面包**

店面地址：
上海市浦东新区金科路
1800 号

¤　产品介绍

樱花白软面包

白面包和盐渍樱花搭配出的双重口感，口味清淡素雅，
材料：日清百合花、细砂糖、牛奶、鸡蛋、黄油等，适
合餐前面包、自助餐、冷餐会、酒会等，是搭配西餐的
理想选择。

店面名称
花间烘焙工作室

售卖产品
蛋糕
甜点

店面地址：
惠州市河南岸金山湖金
湖园金湾路 3 号

¤ 产品介绍

马卡龙　15元 / 个
绝对不甜腻，软糯的口感和杏仁的香气就算只吃
壳口感也很赞。可以搭配不同的夹馅。

蛋糕卷
最推荐独家奥利奥海盐口味，松软的蛋糕体加上
甜甜咸咸的海盐奶油，不爱吃甜食的人也会夸好
吃呢！

店面名称

T TIME

售卖产品

绝代芳华 46 元
普利西亚 38 元
星空 38 元

店面地址：
漳州市芗城区新华西南
2 栋 17 号店

星空

T TIME

绝代芳华

T TIME

普利西亚

T TIME

店面名称

Chez 茶卡凡社

售卖产品

**5 款法式小甜品 + 任意
茶水 128 元 / 人
（需提前一天预订）
任意法式甜品 + 任意茶
水 128 元 / 人**

店面地址：
武汉市武昌区解放路 486 号
（中华路小学斜对面）

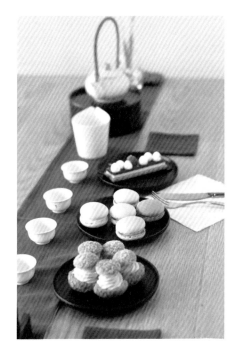

店面名称

蜜雪儿 Michelle

店面地址：
摄山店－南京市栖霞区摄
山星城闻兰苑对面；
油坊桥店－南京市建邺区
油坊桥地铁站 2 号口；
万寿店－南京市栖霞区化
纤新村 1 号苏果超市旁

更多信息请关注亚洲咖啡西点杂志微信公众平台

微信公众号：yazhouxidian

咨询电话：17712638801

构成自然界的物体的物质是水、火、地、风四大元素，十二星座根据自然元素划分为土、风、水、火这四象。水象星座象征春天，重感情；火象星座象征夏天，重行为；土象星座象征秋天，代表务实、稳重；风象星座象征冬天，重智慧与沟通。

天蝎座、巨蟹座和双鱼座都属于水象星座，这类星座都有敏感、直觉、幻想力强的特质。天蝎座作为水象星座的固定星座，他们拥有最敏锐的洞察力，不被表象所迷惑，又善于伪装自己，不喜欢把自己的想法表现出来，因此常常被称为最神秘诡谲的星座。

天蝎座的人对互不相同的事物感兴趣，喜欢探究它们的本质并加以区分。他们有着强烈的第六感，往往会依靠感觉来决定一切。他们有一双极其敏锐的眼睛，能洞察和利用他人的弱点和利弊。

冥王星是天蝎座的守护星，受此影响，他们的性格中会有冷酷、极端的特质，一旦受到伤害，便会表现得非常绝情，破损的关系将再难修复，所以很多人会给天蝎座的人贴上"腹黑"的标签。

天蝎座给人的印象是冷漠而神秘的，事实上他们也确实很注重个人隐私，千万不要和天蝎座玩真心话大冒险，因为他们不喜欢把自己的事情和内心想法公布出来，就算回答也是让人难以理解的客套话，在他们眼里这样的游戏是没有任何意义的。

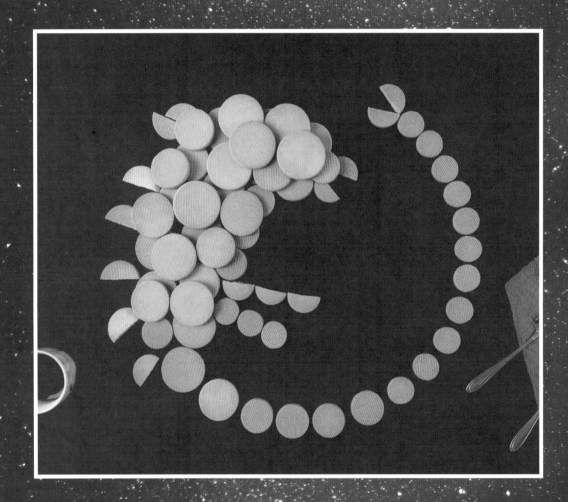

天蝎物语

天蝎座个性**强悍而不妥协**，**精力旺盛**，有极强的占有欲，所以一旦树立目标以后，会不屈不挠地朝目标前进。也由于水象星座的缘故，在感情上也是属于多愁善感的**敏锐型**，虽然表面上看起来很平静，但内心可能早已波涛汹涌。

尽管天蝎座常**以冷漠示人**，但他们会亲自动手来改善工作和生活环境，对待生活的态度是非常热情的，这也是他们不喜欢无所事事的状态的原因，因为那样会使生活丧失生机和活力。正是因为**神秘**、重隐私的特质，他们喜欢**静谧整洁**、**格调雅致**的住所，最好能远离繁华的城市街道，这才符合天蝎座酷酷的外表和神秘的气质。

天蝎座的幸运花是**龙胆**，他们个性坚强，具有敏锐的直觉，**外冷内热**的性格特质让人觉得不好相处。龙胆花的花语是喜欢看忧伤时的你。初见难觉惊艳，细细观察时你会爱上这身姿纤细的花。远离尘世的喧嚣，那一抹蓝，分明就是精灵的召唤，给人们送去一份感悟。

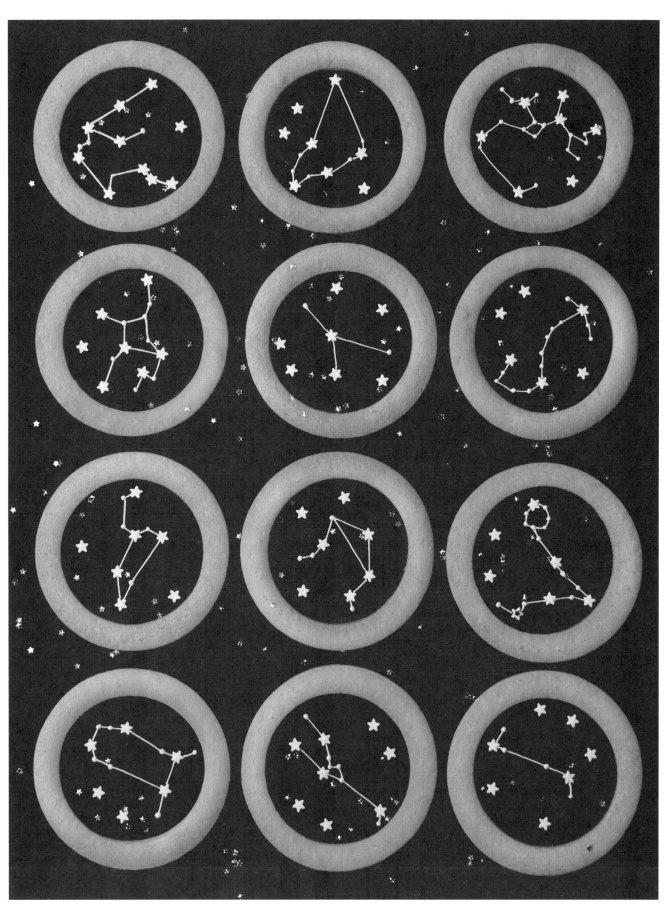

星座符号

"星座符号是指星座与人之间的图腾，可以诠释星座的意义和传递星座的能量。"

白羊座
白羊座的符号是一头公羊的象形表现方式，象征着旺盛的精力，同时作为春季的第一天，白羊座也象征着新的开始，性格易冲动，充满活力，勇往直前。

金牛座
金牛座的符号可以象形地理解为一头牛，象征着稳重、坚定的信念，性格温顺又脚踏实地，但不免会有些固执，内心充满欲望。

双子座
双子座的符号代表着两颗永不分离的孪生星星，象征着多面性，具有双重性格和双重行为，由于性格多面、兴趣广泛，有时经常让人捉摸不定。

巨蟹座
巨蟹座的符号就像是一只顶着硬壳的螃蟹，象征着坚强，外表冷漠，内心充满善意和温情，有敏锐的洞察力，顺从性强，想象力也极为丰富。

狮子座
狮子座的符号是一条狮子尾巴，狮子作为百兽之王，象征着权力，喜欢挖掘自己潜在本质的能力，个性友善，待人慷慨，有很好的人缘，但容易虚荣和骄傲。

处女座
处女座的符号非常复杂，尾端的交叉代表讲求实际又自我压抑，象征着神秘，处女座做事周到、细心、谨慎，是个绝对的完美主义者，对自己和他人都要求严格。

天秤座
天秤座的符号是一个天平，象征着平衡，代表公平和正义，但每个人心中公平的标准都不一样，天秤座爱好美与和谐，有很好的艺术鉴赏力，但是容易内心焦虑纠结。

天蝎座
天蝎座的符号像是一只翘着尾巴的蝎子，象征着神秘，天蝎座的人有较强的第六感，喜欢探究事物的本质，性格独立，占有欲强，容易以自我为中心。

射手座
射手座的符号像射手的箭，象征着坦诚，射手座向往自由，具有冒险精神，喜欢探索未知的领域，但也容易因为太冲动而无法控制。

摩羯座
摩羯座的符号是山羊的古代象形文字，象征着坚韧，山羊本就是一种个性强韧又刻苦耐劳的动物，摩羯座的人有这样的特质，也有山羊的顽固。

水瓶座
水瓶座的符号是抽象的水波，象征着智慧，水瓶座爱好自由和个人主义，聪慧，喜欢追求新的事物及生活方式，有优秀的推理力和创造力，却又令人难以捉摸。

双鱼座
双鱼座的符号是两条反向绑在一起的鱼，象征着复杂，双鱼座的性格也像符号所表示的一样，具有天生的双重性格，爱做梦、爱幻想，是多愁善感的纯情主义者，但也存在不够果断，优柔寡断的特性。

Scorpio sweetheart table

配方：

黄油	100 克
绵白糖	50 克
蛋黄	1 个
低筋面粉	200 克

制作过程：

1. 将软化的黄油与绵白糖混合搅拌均匀至糖化开。

2. 将蛋黄分次加入，混合搅拌均匀。

3. 将过筛的低筋面粉加入，混合搅拌成团。

4. 将面团擀制厚薄度均匀，放置速冻柜内急冻。

5. 将面皮取出，先使用挞模压出饼底，再裁切长条围绕在挞模边缘，最后将表面修饰平整。

6. 将挞壳放在铺有带孔硅胶垫内，放在风炉内，以 165℃ 烘烤 15 分钟左右（主要看颜色）。

巧克力甘纳许

配方：

黑巧克力	200 克
淡奶油	200 克

制作过程：

1. 将黑巧克力隔水加热化开。

2. 将淡奶油加入巧克力内，使用手持均质机混合搅拌均匀。

3. 将做好的巧克力甘纳许贴面保存，放置冷藏。

装饰：

蛋白霜

组合：

1. 将巧克力甘纳许取出，混合搅拌均匀，挤入烤好的挞壳内抹平。

装饰：

1. 在甘纳许表面使用蛋白霜掉线，挤出 "m" 的轮廓；在轮廓内挤入填充的蛋白霜。

2. 在表面挤上蛋白霜圆点，作为星星点缀。

Scorpio tart
天蝎星座挞

Maker ‖ 沈聪
Writer ‖ 沈聪
Photographer ‖ 王飞

口味描述：
浓醇的甘纳许入口顺滑，凝聚了巧克力芳香馥郁的气息，一口知其味，故事藏心间。

配方：

黄油	100 克
糖粉	80 克
蛋液	30 克
香草粉	适量
低筋面粉	200 克

准备：

· 将黄油提前放置室温软化；低筋面粉过筛；风炉预热 165℃。

制作过程：

1. 将黄油、糖粉放入打蛋桶内混合搅拌均匀。

2. 将蛋液分次加入混合搅拌均匀。

3. 将过筛的低筋面粉和香草粉加入，翻拌均匀成团。

4. 将面团取出分成两份，分别放在油纸上擀至 1 厘米与 3 毫米的厚度。

5. 将擀好的面皮，放入速冻柜冷却 10 分钟。

6. 取出面皮，使用大小不同的圆圈模压出 1 厘米的饼干底；使用五角星压膜压出 3 毫米的饼干底。

7. 将压好的饼干取出，放在铺有带孔硅胶垫的烤盘内，以 165℃烘烤 6 ~ 7 分钟，待表面上色，取出，表面再放上一张带孔硅胶垫，上面压上烤盘，继续烘烤 4 ~ 5 分钟，至完全熟透。

8. 将烤好的饼干取出，放置冷却待用。

小贴士：

不同厚度的饼干烘烤的时间需要注意！

装饰

配方：

翻糖	200 克
蓝色色素	适量
黑色色素	适量
紫色色素	适量
金粉	适量
蛋白霜	适量

制作过程：

1. 将翻糖揉软，擀成薄片；使用与饼干同样形状的压膜压出翻糖皮，贴合在饼干上。（表面可使用糖浆作为黏合剂）。

2. 将蓝色色素倒入喷枪内，不规则地喷在翻糖表面，局部需要喷深点。

3. 将紫色色素倒入喷枪内，不规则地喷在翻糖表面，局部需要喷深点。

4. 将黑色色素倒入喷枪内，不规则地喷在翻糖表面，局部需要喷深点。

5. 将喷好色的饼干放置晾干，将五角星表面刷上酒精掺兑的金粉。

6. 将五角星拼粘在圆形饼干上，使用蛋白霜作为黏稠剂。

7. 将每层饼干拼粘起来，表面粘上翻糖制作的金色五角星。

Biscuit Tower of Constellations

星座饼干塔

Maker || 沈聪

Writer || 沈聪

Photographer || 王飞

口味描述：

绵密香甜的翻糖与酥脆的黄油饼干，在咀嚼中碰撞出奇妙的火花，引爆梦幻世界小宇宙。

Favourite Desserts for Twelve Constellations

十二星座甜品

白羊座　★玫瑰覆盆子圣托诺雷★

白羊座是一个精力旺盛的星座，红色的泡芙脆面和娇艳的玫瑰花瓣如白羊座的性格般，直率又热情，爱冒险，具有勇士精神。白羊座喜欢简单刺激的东西，有创新求变的精神，这一款甜品造型简洁，细腻顺滑的玫瑰覆盆子甘纳许香浓四溢，覆盆子果酱透出一丝酸甜，搭配酥脆的泡芙，别样的滋味在味蕾中绽放。

金牛座　★菠萝芝士蛋糕★

金牛座性格沉稳，做事慢条斯理，对待工作是最刻苦耐劳、坚韧不拔的，是十二星座中的"劳模"，然而性格中也有牛的倔强，决定好的事情就一定会努力做到。酸甜的百香果淋面，配以彩色的巧克力围边，外表简约，但内在却大有乾坤，芝士与慕斯的结合，大量菠萝果蓉的加入，创造出别样的菠萝风味。这一款甜品如金牛座般内敛深沉，却又能符合他们精益求精的态度，这种让味蕾欲罢不能的感觉，不妨在完成一天的工作后犒赏一下自己。

双子座　★花火★

双子座具有典型的"双重性格"，纯白色和彩色的椰蓉装饰如他们性格般，时而活泼外向，时而沉默寡言，常常让人捉摸不定。他们喜欢追求新鲜感，一直走在潮流的最前端，当然甜品也要有精彩的层次渐变才能激发双子座的探索心，细腻顺滑的芝士慕斯裹上一层清新的芒果果酱，一个舒缓轻柔，一个灵动活泼，酸甜的口感与双子座变幻莫测的一生不谋而合。

巨蟹座

★祖母绿宝石★

巨蟹座预示着夏天的开始，这一款甜品充满夏日气息，清新的草木绿静谧又充满诗意，巨蟹座的人往往缺乏安全感，不能很好地适应新的环境，他们喜欢被保护的感觉，覆盆子果酱和绿色淋面，让人仿佛置身于大自然，一派生机勃勃的景象跃然眼前。巨蟹座是一个十分恋旧的星座，"祖母绿宝石"这个名字也非常符合巨蟹座的怀旧气质，热爱生活的巨蟹们一定会对它倾心。

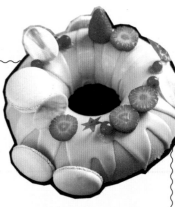

狮子座
★蒙布朗塔★

狮子座是一个讲究气派华丽的星座，作为森林之王的狮子天生有一种王者风范，生性乐观，具有太阳般的活力。在众多甜品中，狮子座一定会选择最耀眼的一款，它拥有精致的造型和金箔装饰，周围的蛋白霜装饰如太阳般释放无限能量，符合狮子座所追求的万众瞩目的奢华。当然，狮子座也会有柔软的一面，但它往往会被外表的霸气所遮盖，在细面奶油装饰下有细腻柔滑的栗子香缇奶油，这款甜品口味浓郁，层次丰富，栗子、金箔和奶香融合在一起创造出一种奢华的体验。

处女座　★爱的旋律★

处女座是一个挑剔又追求完美的星座，十足的"完美主义者"，每一件事都可以优雅细致地完成，注重完整性，不喜欢半途而废，当然，甜品也要够完美才可以让处女座展露笑颜。粉色的淋面表面光滑，配以环状巧克力和羽毛巧克力装饰，造型简洁，但做工却相当考究复杂，只有每一步都足够完美才可以完成。处女座天生内向，外表安静沉默，面对外力的冲突，会采取逃避的方式。一如这款蛋糕，将细腻的慕斯和酸甜的草莓酱包裹在淋面中，以温柔甜美示人。

天秤座　★巧克力橘子蛋糕★

天秤座的人爱好和谐，喜欢一切高颜值的事物，有着极佳的艺术鉴赏力，擅长把任何事物都以艺术形式表现出来，对待食物亦是如此。这款甜品具有很好的造型感，巧克力件立于圆心，恰好诠释着天秤座无论何时总会公平客观。天秤座是"选择恐惧症"的代表，浓醇的巧克力搭配清新酸甜的水果内馅，颜值与口感并驾齐驱，成功解决了天秤座的选择难题。

天蝎座
★栗子风味黑加仑芭芭★

细腻柔滑的栗子香缇奶油有着最浓醇的风味，黑加仑增加了一抹酸甜的滋味，融合慕斯中的栗子果肉，在柔滑细腻中浅尝栗子本味，最后挤入一滴口感润芬芳馥郁的朗姆酒，恰好调配出天蝎座神秘诡谲的性格特征。

射手座　★蒙布朗★

射手座的人崇尚自由，喜欢无拘无束的感觉，随意挤上的意面奶油正是他们性格的彰显，朗姆酒巧克力装饰件如射手座的符号一般，这是射手座对于自由的向往。射手座生性乐观，是个享乐主义派，巧克力外壳中包裹的栗子外交官奶油，和射手座的理想一样，始终在追求一个属于自己的生活环境。

摩羯座　★玫红覆盆子★

摩羯座是严谨刻板、稳重老成的星座，性格内敛，缺乏安全感，常常会表现出高冷的姿态，以掩饰内在的脆弱。这一款甜品红色的淋面给人以距离感，但又让人觉得很踏实，酸甜的覆盆子慕斯保留着最朴实的风味，与巧克力浓烈的香气碰撞，香甜细腻。摩羯座通常有过人的耐力，但有时难免会把这种坚持变成固执，翻糖小花的加入给这款甜品增添了活力，摩羯座的人有时也需要更灵活一些，配以天生的沉稳和坚强的毅力，就可以一点一滴地达成目标。

水瓶座　★启航★

水瓶座常常被称为"天才星座"，他们思想超前，充满奇思妙想，喜欢探索新的方向，这一款甜品无论是造型还是口感，都能勾起水瓶座的好奇心。水波纹巧克力装饰犹如微风吹拂下泛起涟漪的湖面，纯净的柚子香缇既象征着水瓶无限流动的思绪，又展现出水瓶崇尚自由的一面。水瓶座不爱怀旧和停滞不前，这一款甜品造型如一艘扬帆的船，随时准备驶向未知的世界。酸甜的草莓慕斯与细腻的柚子奶油，顺滑中带着淡淡的奶香在舌尖化开，清新口感直击味蕾，微甜滋味历久弥新。

双鱼座
★他们的感觉★

双鱼座是个多愁善感、爱做梦、爱幻想的星座，喜欢生活在自己设计的梦幻世界里。

在他们眼中，一切都很美好，樱桃总能激发人的少女心，色泽亮丽如红颜，和双鱼座浪漫多情的性格一样，仿佛在爱情的海洋里畅游，粉色的巧克力花装饰含苞待放，令人无法抵御。精致的甜点，梦幻的名字，双鱼座恐怕已沉浸在美好的童话世界里。

Star Chocolate mooncakes

星空巧克力月饼

Maker || 周玮　　**Writer** || 沈聪　　**Photographer** || 王飞

口味描述：

外表迷幻的星空色彩，朦胧中带点神秘，香醇浓郁的巧克力脆皮，包裹着酸甜的果味夹心，丰富的味道层次不断挑动着味蕾。

馅料－草莓干纳许

配方：

幼砂糖	150 克
葡萄糖浆	25 克
水	50 克
草莓果蓉	250 克
35% 白巧克力	60 克（法芙娜）

制作过程：

1. 将幼砂糖、水加热煮沸，将草莓果蓉加入，混合搅拌均匀。

2. 将混合的草莓果蓉加入白巧克力中，静置 2 分钟，搅拌均匀，加入葡萄糖浆，混合搅打均匀；表面覆盖一层保鲜膜放置待用。

草莓果酱

配方：

草莓果蓉	125 克
葡萄糖浆	12 克
幼砂糖	10 克
NH 果胶	2.5 克
柠檬酸溶液	2 克

制作过程：

1. 将 10 克幼砂糖和 NH 果胶混合搅拌均匀，加入草莓果蓉内混合均匀，加热煮沸。

2. 将葡糖糖浆加入混合搅拌均匀，将柠檬酸溶液加入，混合搅拌均匀。

3. 将草莓果酱倒入盆中，表面覆盖一层保鲜膜放置待用。

巧克力壳

配方：

黑巧克力	适量
白色色淀	适量
蓝色色淀	适量
紫色色淀	适量
可可脂	适量

准备：

1. 将月饼模具洗净，表面擦拭干净。

2. 色淀提前化开。

3. 黑巧克力隔水加热融化，并调温至 31℃～32℃。

制作过程：

1. 将白色可可脂倒入喷枪内，喷成点状至巧克力模具内。

2. 将白色可可脂晾干，表面分别喷上蓝色与紫色可可脂；待表面晾干，最后喷上一层白色可可脂。

3. 将调温好的黑巧克力注入模具内至满，待模具四周均匀凝固上巧克力，反扣倒出巧克力；将巧克力壳放入冷冻冷却。

4. 将巧克力壳取出，分别各挤一层草莓果酱和草莓甘纳许，最后注入黑巧克力封顶。放入冷冻冷却脱模。

小贴士：

内馅与巧克力外壳颜色可自行调换。

Star Cake
星空蛋糕

Maker || 武文　　**Writer** || 栾绮伟　　**Photographer** || 刘力畅

手法描述：

主蛋糕总五层，表面装饰采用油画的方式制作完成，是用毛笔蘸取丙烯原料画在上面的（可以用色膏和酒精混合，再调色做成可食用的装饰材料），底层是人间场景，中层是大气层，上层是星球运转，其中以我们最为熟悉的月亮为亮点，也与底层的夜晚的人间场景相呼应。

Scorpio Star Cake

天蝎星空蛋糕

Maker || 武文

Writer || 栾绮伟

Photographer || 刘力畅

口味描述：
朗姆酒淡淡的甘蔗香甜搭配巧克力的醇厚重口，核桃果仁的加入丰富了蛋糕的口感，可以说是柔和又恰当。

布朗尼蛋糕（8寸）

配方：

黄油	300 克
细砂糖	90 克
全蛋	1 个
蛋黄	6 个
黑巧克力	275 克
可可粉	75 克
低筋面粉	270 克
奶粉	45 克
朗姆酒	适量
蛋白	6 个
细砂糖	190 克
核桃	270 克

准备：核桃仁事先入炉烤熟，压碎备用。

制作过程：

1. 将黄油和 90 克细砂糖放入搅拌缸中，用打蛋器打发混合。

2. 分次加入全蛋、蛋黄，拌匀。

3. 加入事先隔水化开的黑巧克力，拌匀。

4. 加入过筛的粉类混合物，拌匀备用。

5. 加入朗姆酒，搅拌均匀。

6. 将蛋白和 190 克细砂糖混合，打至中性发泡。

7. 取 2/5 的打发蛋白与蛋黄部分拌匀，再将剩余的蛋白加入其中拌匀。

8. 加入核桃仁，拌匀。

9. 注入模具内，用抹刀抹平。

10. 入烤箱，以上火 180℃、下火 160℃烘烤，至蛋糕表面上色，再调整烤箱，以上下火 150℃烘烤大约 70 分钟。

11. 出炉，冷却，脱模即可。

英式奶油霜

配方：

韩国白油	500 克
糖粉	500 克
牛奶	60~100 克
柠檬汁	10 克
蓝色色粉	适量

准备：韩国白黄油室温软化，切成小块备用。

制作过程：

1. 将糖粉过筛，分次加入白黄油中，搅拌均匀。每次搅打之前，用橡皮刮刀先将糖粉与白黄油混合一下，以免糖粉飞溅。

2. 加入牛奶，搅打均匀。（根据稠稀度调节牛奶的用量）

3. 加入柠檬汁，搅打至顺滑；再取出约一半的混合物，加入蓝色色粉，混合拌匀。备用。

组合

材料：

白色糖霜	适量
星空棒棒糖	适量

制作过程：

1. 在蛋糕胚上抹上一层原色的英式奶油霜，不用抹得均匀，形成厚薄不一的样子。

2. 在"步骤 1"的基础上，用抹刀再随意抹上蓝色的英式奶油霜。

3. 将白色糖霜装入裱花袋中，在蛋糕的表面挤上圆点做装饰。

4. 在顶部插上星空棒棒糖。

The exclusive coffe

天蝎座的专属咖啡
——墨西哥咖啡

Writer || 缪蓓丽
Photographer || 王飞

天蝎座拥有敏锐的洞察力，却往往容易凭直觉来决定一切，个性强悍而不妥协，即使内心早已是波涛汹涌，但表面看起来却很平静，依旧是温文儒雅、沉默寡言的形象，没有一丝波澜。天蝎座就是这样一个神秘的星座，你永远猜不透他内心的想法，天蝎座"深藏不露"的性格特点导致他们喜欢一切拥有丰富内涵的事物，他们喜欢不断探索的过程。

墨西哥咖啡无疑是天蝎座所钟爱的一款咖啡，经典的墨西哥咖啡会加入后劲十足的龙舌兰酒，如同天蝎座复杂的性格一样，咖啡中酒精的加入与否也会带来截然不同的感受。当温润的巧克力与肉桂相遇时，会散发出浓浓的沙漠气息，恍惚间，仿佛穿行在无垠墨西哥沙漠中，与仙人掌为伴，很好地慰藉了平和的心灵。龙舌兰酒的加入则是推翻了这一切平静，瞬间点燃了内心熊熊的火焰，如火山爆发般，吞噬一切。

墨西哥咖啡如天蝎座性格般神秘，就像被一层朦胧的面纱所遮掩，让人处于冰与火的矛盾状态，无法看透，却又散发出不可抗拒的魅力。

f Scorpio--Mexico Coffee

精品咖啡馆应该如何搭配
咖啡与甜点？

Writer || 咖啡工房   Photographer || 刘力畅

在越来越多的精品咖啡馆里，你可以看到各种不同品种、产区、处理方式的精品咖啡，也可以欣赏到各种各样的萃取工艺：意式、手冲、虹吸、冰滴、冷泡……

而在这些精品咖啡馆里面，大多数出于专业出品质量与环境影响等因素的考虑，并不想兼营餐饮，但又要顾及客人的空肚子。于是，天生颜值极高、又没有气味的负面影响，而且完全可以错开高峰时段制作甚至直接外购的甜点，就成了很多精品咖啡馆的出品首选搭配。

§ 咖啡和甜点搭配的作用 §

★唤醒隐藏的风味

甜点本身是诸多香浓食材的结合，如：面粉、砂糖、牛奶、奶油、干果等。

食材的味道经过烘焙手法揉合后，风味会出现主次，例如黑森林蛋糕的可可香让人沉浸在浓烈的幸福感中，却掩盖掉了面粉的香气。

而精品咖啡本身也是由诸多复杂风味所组成，同样也有较明显的风味和隐含的风味。

在点心入口感受主要风味时，若搭配正确的咖啡，会让其中几样风味从隐含的基调中唤醒过来，让味蕾感觉到更复杂的滋味在口腔蔓延，这种唤醒的过程颇有神奇感。

例如：重芝士蛋糕当然是浓浓的乳酪香气，而下层的消化饼咸咸的味道搭配起司有画龙点睛的效果，若搭配一杯正确的咖啡，则消化饼的面粉香就可能在咖啡入口后浮现出来，而且是咸咸的麦子香，相当有意思。

★解腻，延长每一口的美味

许多点心都比较甜腻，在第一口入口强烈的幸福感之后，常常会有越吃越不知所谓的感觉，因为过重的口味让味蕾麻痹，所以越来越不可口。

这其实蛮可惜的，但如果只是喝水，顶多把口腔里的点心送进胃里，甜腻的印象感可能无法消除。

此时选择一杯精品咖啡就可以让点心的美味复活，即使是淡咖啡，独特的咖啡味（也就是醇度），能非常有效地将味蕾洗刷干净，使口腔呈现清爽状态，下一口点心入口又能好好品味浓郁的滋味，让幸福的时光延长。

例如：法式栗子蛋糕是以栗子酱作为主要食材，风味非常浓郁，但甜度也颇高，常常让人吃到后半段的感觉有点腻。但若搭配正确的咖啡，栗子的甜香用淡淡的苦巧克力尾韵消化，连栗子的独特香气都变得更为鲜明，下一口又能恢复第一口的强烈印象。

§ 咖啡和甜点搭配的原则 §

★干香气为主的点心

口感上以表现面粉为主，没有添加太多的奶制品、果酱、慕斯等，
口感会稍微干一点，但能表现出面粉、巧克力、核果、果干等干香气。
例如：饼干、司康（Scone）、海绵蛋糕、戚风蛋糕。
建议搭配咖啡：果酸偏强的单品如肯尼亚AA、耶加雪菲、哥斯达黎加、
哥伦比亚等，可以选择烘焙度较浅的品项。

原理：

干香气重的点心复杂度较低，食用时主要品味其沉稳的谷物类香气，可
以将黑咖啡中的果酸衬托出来，让莓果、柠檬、百香果的香气在点心入
口时清晰呈现，并混合在点心的麦香、可可香、核果香中，增加点心的
复杂度。
并利用浅烘焙咖啡较为清爽的口感（相对于单品和花式），将厚重的麦
味（如司康）稍加消化，能将麦子的香气留在尾韵，却不会有口干舌燥
的感觉，相得益彰。
饼干太干？试试用口感清爽的浅烘焙咖啡搭配吧！

How should fine cafe match coffee with desserts?

★奶制品系列点心

奶制品有许多型态，但共同特性就是奶香味浓郁，且幸福
感十足，但一般来说较黏腻，且奶香强烈不易消化，因此
常常发生第一口最好吃的状况，然后越吃越腻。
例如：各式起司蛋糕、重芝士蛋糕、慕斯蛋糕、鲜奶油蛋糕、
泡芙、提拉米苏、栗子蛋糕也算是奶制品点心。
建议搭配咖啡：酸度较低的单品如曼特宁、危地马拉、巴西、
巴拿马、洪都拉斯等，烘焙度中焙以上的品项，以及意式
咖啡做成的美式咖啡。

原理：

奶制品点心口感较甜腻，搭配同样也用牛奶的意式咖啡会有
叠合效果，不但口中的腻感不会冲淡，反而连卡布奇诺中的
牛奶香甜都被吃掉了。

而果酸较高的单品咖啡也不适合，因为酸味和奶味搭配一般
人会感觉不舒服，甚至有食物坏掉的印象，结果两者都惨了。
因此较推荐果酸较低、烘焙度稍高的单品咖啡，一来中深烘
焙会有较大量的Body，口感较厚实，就可以将奶制品的甜腻
感冲淡，让口腔恢复干净清爽，尾韵留下些许的奶香，有点
像是在口中融合的卡布奇诺一般有令人愉悦的咖啡牛奶香。

另外点心与单品混合时，奶香会受咖啡的影响，略微降低在
口中浓郁的印象感，并将砂糖的甘甜味释放出来，且是淡淡
缓慢地融出，比之腻甜的单吃感受度完全不同。
若是有搭配其他食材的奶制品点心，如：消化饼、海绵蛋糕体、
派皮底等，也会有降低奶制品单一印象的功能，将其他面粉
的香气带出，口感复杂度加分。

★ 带咸味的点心

咸点也是非常受欢迎的类别，面粉里添加肉类、蔬菜、辛香料、蛋、香草类、带盐奶油等做成咸咸的风味，有些是面包直接与火腿、培根、牛油果搭配成的点心组合或早午餐，也可以算是同一类。咸点通常会带有油腻感，口感也偏重。

例如：咸派、三明治、可颂、吐司、咸面包、咸饼干、早午餐组合、咸点心组合。

建议搭配咖啡：咖啡味较重的花式咖啡（意式咖啡）如卡布奇诺、米朗琪、康宝蓝、玛奇朵（小杯的）、鸳鸯咖啡。

原理：

咸点的口感较重，因此油腻是首要必须解决的问题，若采用奶味较重的花式咖啡会让腻感加重，解腻的效果较差。而单品咖啡可以去腻，却无法替咸点加分。

而咖啡味较重的花式咖啡搭配咸点食用，口中的咖啡味会先将较重的烟熏、香料味软化，口中的咖啡牛奶中会产生略带咸咸的印象感，而使咖啡的层次感加分，微咸的饮品风味还能进一步提升食欲。

而尾韵油腻的感觉在咖啡香气的洗涤后，会将油味消化，尾韵留下少许面粉、烟熏（来自咸点）或咖啡自身的巧克力、焦糖香等，但已经与咖啡香融合，因此不会是腻人的过重味道，而是刺激味蕾产生让人流口水的淡淡余韵。

★ 以甜感为主的点心

砂糖、糖霜、黑糖、蜂蜜搭配各种蛋糕体、面包体，做成的甜点心一直是历久不衰的好滋味。当然可能还会搭配其他风味进行调合，如抹茶、果酱等入口还是以甜感为最主要的风味。甜点心对于怕甜的人来说有一点障碍，而且变化度较低，容易吃腻。

例如：马卡龙、甜甜圈、甜饼干、黑糖糕、蜂蜜蛋糕、软糖、糖果类、北海道蛋糕、甜面包、焦糖布丁。

建议搭配咖啡：奶味较重的花式咖啡（意式咖啡）如拿铁、欧蕾、维也纳咖啡、玛奇朵（大杯的），建议不要点摩卡系列，会让点心变难吃。

原理：

甜点心虽然甜度高容易吃腻，但糖、蜂蜜这类食材和鲜奶油类、油类的重口味相比，却是比较容易冲淡去腻的，因此使用带奶类的花式咖啡即可达成去腻的作用。

重点倒不是去腻，而是两者相加会不会有更棒的风味，牛奶为主的花式咖啡入口后，会与口中留下的甜度相溶，让拿铁和欧蕾变成甜牛奶的质感，而奶香中带着淡淡的甜度比直接加糖在咖啡中口感更丰富，层次感马上展现。

另外留下的咖啡牛奶余韵还可能带着可可香、蜂蜜香、抹茶香，让甜感之外的滋味也一并感受喔。

★水果味为主的点心

在蛋糕体、面粉底添加许多水果、果汁，如：蓝莓、草莓、柠檬、芒果、蔓越莓、黑醋栗、奇异果、香蕉等，若只是拿水果当配料则不属于这类，酸酸甜甜的滋味非常过瘾，通常口感丰富度也比较高。

例如：水果塔、柠檬塔、草莓慕斯、芒果慕斯、苹果派、香蕉松糕等。

建议搭配咖啡：浓度较淡、果酸较强的单品咖啡如肯亚 AA、耶加雪菲、巴拿马（浅烘焙）。

原理：

果酸明显的水果塔将搭配奶味重的花式咖啡，就像将奶制品为主的甜点搭配偏酸的咖啡一样，容易让人有不舒服、臭酸的感觉，因此不建议大家搭配。

原本就是水果风味丰富，建议搭配同样带有果酸的咖啡，入口不但没有违和感，多重的复杂度让人心旷神怡。

但就不建议采用太浓烈的咖啡，毕竟水果点心细致的果香如果直接被浓烈的单品洗掉是有点可惜的，因此采取浓度较低的咖啡，足以解腻即可。

当然如果是慕斯类，有比较强的奶味，稍微再增加一点浓度也可。

★以巧克力味为主的点心

巧克力算是辨识度和侵略性都非常强的食材，无论是巧克力酱、巧克力慕斯、巧克力片、巧克力块等型态（除了巧克力干香为主的可可粉），风味上都算鲜明。

例如：巧克力砖、巧克力薄片、生巧克力块、黑森林蛋糕、沙河蛋糕（沙赫）、布朗尼等。

建议搭配咖啡：冰单品咖啡、冰美式咖啡、Espresso。

原理：

巧克力点心算是风味较重的，但腻感比起油腻腻的咸点其实算是中等，但还是有必要将巧克力味稍加减弱，才能让每一口都同样有幸福感。

而冰单品咖啡、冰美式咖啡，因为温度低、口感清爽，能有效地去掉巧克力的腻感，让口腔恢复舒服清净，且咖啡的香气与巧克力的尾韵融合的滋味也非常棒。

而单纯的巧克力砖、巧克力薄片、生巧克力块则推荐搭配 Espresso 的特别喝法，将少许巧克力丢进 Espresso 中直接融化，化为浓郁的咖啡巧克力饮品，浓到化不开的香气、甜度、尾韵一次爆发，算是重口味搭配法。

Theory of Cake Batter
蛋糕胚面糊理论

Author || 缪蓓丽   **Photographer** || 刘力畅

打发要点				
	蛋白打发	蛋黄打发	全蛋打发	黄油打发
基本制作过程	1. 将蛋白和蛋黄分离。 2. 将蛋白搅散；分三次加入细砂糖，搅打发泡。	1. 将蛋黄和细砂糖混合。 2. 搅打混合。	1. 在全蛋中加入细砂糖。 2. 将盆放入50℃水中，隔水搅打浓稠。	1. 黄油室温软化。 2. 逐次加入细砂糖（蛋液）。 3. 搅打混合。
成品状态描述	1. 湿性发泡 2. 中性发泡 3. 干性发泡	颜色发白，浓稠状。	颜色偏白，整体呈细腻的绸缎状。	蓬松的膏状物，俗称羽毛状。
适合工具	打蛋器（手动、电动）	电动打蛋器	电动打蛋器	打蛋器（手动、电动）
最适宜材料温度	25℃	30℃~35℃	35℃~45℃	22℃~25℃
打发原因	蛋白质在快速搅打过程中，会形成一个个气囊，会包裹住空气。	蛋黄中含有丰富的脂类物质，阻碍蛋白质的起泡作用。	蛋白和蛋黄的综合性作用。	在外力的作用下，固体油脂裹入空气从而变得蓬松。
糖对打发的作用	1. 糖增加成品的光泽度、组织密度和组织强度 2. 糖的亲水性很强，易与水分子结合，提高成品的含水量			

蛋白打发   蛋黄打发   全蛋打发   黄油打发

基础面糊制作过程				
	制作要点	基本操作过程	注意点	基本成熟温度
海绵蛋糕面糊（全蛋打发法）	全蛋打发	1. 打发全蛋液。 2. 加入低筋面粉和油性物质，拌匀。 3. 倒入模具，烘烤。	1. 可适当改变打发环境温度，帮助蛋液快速发泡。 2. 混拌其余材料时，需快速搅拌避免破坏气泡。	180℃（烤箱）
海绵蛋糕面糊（分蛋打发法）	蛋黄打发；蛋白打发	1. 打发蛋黄。 2. 同时，打发蛋白，完成后与蛋黄混合翻拌。 3. 加入面粉和其他材料，拌匀倒入模具，烘烤。	1. 打发蛋白需选择无油的干燥容器。 2. 在打发蛋黄中需分次加入打发蛋白，防止消泡。	180℃（烤箱）
黄油蛋糕面糊	黄油打发	1. 打发黄油。 2. 分3次加入糖和全蛋，拌匀。 3. 加入低筋面粉和其他材料，拌匀。 4. 倒入模具，烘烤。	1. 入模时，避免将面糊沾到模具边缘，阻碍面糊膨胀。 2. 烘烤中，划切割纹，有助于排出面糊中的水蒸汽。	180℃（烤箱）
戚风蛋糕面糊	蛋白打发	1. 搅散蛋黄，少量多次加入色拉油和牛奶，拌匀。 2. 加入面粉，拌匀。 3. 打发蛋白，分两次与蛋黄糊混合，拌匀。 4. 倒入模具，烘烤。	1. 打发蛋白需选择无油的干燥容器。 2. 在打发蛋黄中需分次加入打发蛋白，防止消泡。 3. 出炉倒扣。	160℃（烤箱）
黄油泡芙面糊（泡芙面糊）	1. 面粉与油脂和水混合加热，产生淀粉糊化，减小面筋蛋白的弹性、增加柔软性。 2. 全蛋液使成品由面团状转变成面糊状。	1. 将黄油、水和盐加热至沸腾。 2. 加入低筋面粉，混拌。 3. 分次加入全蛋，混拌。 4. 挤出形状，入烤箱。	1. 混拌面粉时，需不停翻拌。 2. 分次加入蛋液，每一次都需完全混合之后再进行下一次。	200℃（烤箱）
可丽饼面糊	面糊的基础混合	1. 材料混拌 2. 入平底锅烘煎出烤色	混合后需过滤，使面糊无大颗粒。	中火（平底锅）

海绵蛋糕面糊（全蛋打发法）

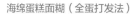
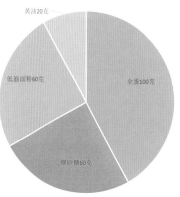

黄油20克

低筋面粉60克

全蛋100克

细砂糖60克

海绵蛋糕面糊（全蛋打发法）

将蛋白和蛋黄混合打发，发泡程度低，但质地更均匀细密，口感绵密又柔软，柔软之上又显得相对比较扎实，同时有蛋黄和黄油的香气。

代表甜品：黑森林蛋糕、法式草莓蛋糕。

海绵蛋糕面糊（分蛋打发法）

充分利用了蛋白和蛋黄的发泡性，面糊含气量大，面糊整体呈现浓稠状，由于没有油脂的成分，口感更清爽，质地酥松而轻盈。

代表甜品：提拉米苏、洋梨夏洛特。

海绵蛋糕面糊（分蛋打发法）

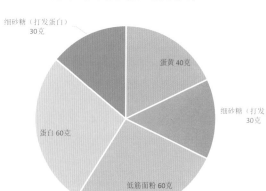

细砂糖（打发蛋白）30克

蛋黄 40克

细砂糖（打发
30克

蛋白 60克

低筋面粉 60克

黄油蛋糕面糊（黄油面糊）

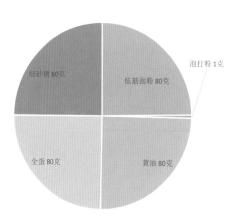

细砂糖80克

低筋面粉 80克

泡打粉 1克

全蛋 80克

黄油 80克

海黄油蛋糕面糊

与海绵蛋糕相比，质地更湿润，充满黄油的浓郁风味，口感扎实。可以混拌其他搭配材料改变蛋糕风味，如干燥水果、巧克力等。

代表甜品：玛德莲、费南雪。

戚风蛋糕面糊

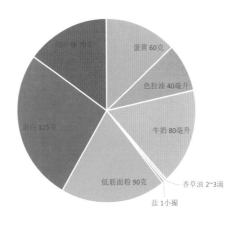

蛋黄 60 克
色拉油 40 毫升
牛奶 80 毫升
香草油 2~3 滴
盐 1 小撮
低筋面粉 90 克
蛋白 125 克
塔塔粉 6 克

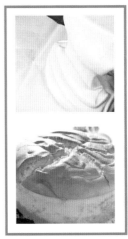

戚风蛋糕面糊

与海绵蛋糕相比蛋白使用比例高，由于色拉油的加入，使蛋糕体可以膨胀得很高，质地松软，口感绵软，但较容易塌陷，因此烘烤后倒扣冷却以保持膨胀状态。

代表甜品：北海道戚风蛋糕。

黄油泡芙面糊（泡芙面糊）

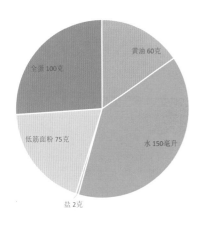

黄油 60 克
全蛋 100 克
低筋面粉 75 克
水 150 毫升
盐 2 克

黄油泡芙面糊（泡芙面糊）

没有任何发粉也没有经过打发，但经高温烘烤就会膨胀成为中空酥脆的状态，外壳柔软有弹性，内心填入香甜软滑的奶油馅，就是奶油泡芙。

代表甜品：泡芙、圣多诺和。

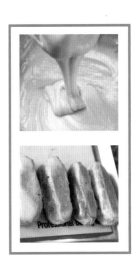

可丽饼面糊

可丽饼面糊

将混拌好的面糊在平底锅内烘煎至熟，十分松软，可以搭配各类奶油、果酱或肉类等调味馅料。

代表甜品：鲜奶油可丽饼、鲜奶油烟熏鲑鱼可丽饼。

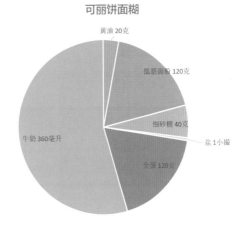

黄油 20 克
低筋面粉 120 克
细砂糖 40 克
盐 1 小撮
全蛋 120 克
牛奶 360 毫升

蜂蜜彩珠

Maker || 莫里茨 范德沃伦　　**Photographer** || 刘力畅

口味描述：

巧克力包裹着冰淇淋，碰撞出美妙的口感，你永远不会知道下一颗会有什么样的体验。

蜂蜜奶油

配方：

蛋黄	25 克	淡奶油 B	20 克
牛奶	70 克	蜂蜜	20 克
淡奶油 A	60 克	黄色色粉	适量
香草糖	10 克		
吉利丁片	10 克		

（用 50 克冷水浸泡变软）

制作过程：

1. 将牛奶、淡奶油 A、蛋黄、香草糖加热煮沸，离火。

2. 加入蜂蜜、泡软的吉利丁片混合。

3. 加入淡奶油 B，混合搅拌均匀。

4. 加入适量黄色色粉，混合搅拌均匀，倒入锥形漏斗内。

5. 挤入硅胶模具内，再放入速冻柜内，急冻成型。

6. 装盘前将蜂蜜奶油取出，脱模。

蜂蜜果冻

配方：

蜂蜜	80 克
水	250 克
吉利丁	20 克

（用 100 克冷水浸泡变软）

制作过程：

1. 将水和蜂蜜加入熬糖锅内，加热煮沸，将泡水的吉利丁加入，混合搅拌均匀。

2. 将蜂蜜果冻隔冰水降温，冷却后装入裱花袋，待用。

蜂蜜彩珠
在线视频

更多信息请关注微信号：
yazhouxidian

Honey Beads

巧克力酱

配方：

可可粉	25 克
水	100 克
淡奶油	100 克
牛奶	50 克
可可力娇酒	10 克
砂糖	50 克
牛奶巧克力	100 克

制作过程：

1. 将所有材料放入熬糖锅中，加热煮沸，使用手持料理棒搅打均匀，过筛；放入冰水中冷却待用。

蜂蜜冰淇淋球

配方：

淡奶油	500 克
蛋黄	100 克
蜂蜜	125 克
Cortina	20 克

（增稠剂，可以使用 10 克的吉利丁代替）

制作过程：

1. 将淡奶油、蛋黄、蜂蜜放入熬糖锅内，加热并搅拌煮至 80℃。

2. 加入 Cortina，用手持料理棒搅打均匀，倒入网筛中，过滤出残渣。

3. 将"步骤 2"倒入冰淇淋机内，搅打至浓稠，取出，装入裱花袋，挤入硅胶模具中，震一震，将表面抹平，放入速冻柜，急冻。

4. 装盘前将蜂蜜冰淇淋球取出，脱模。

巧克力冰淇淋

配方:

牛奶	500 克
淡奶油	120 克
黑巧克力	200 克
蛋黄	150 克
幼砂糖	80 克

制作过程:

1. 将牛奶和淡奶油混合,加热煮沸;将蛋黄和幼砂糖混合搅拌均匀。

2. 将煮沸的牛奶、淡奶油倒入一部分到蛋黄与幼砂糖混合物中,混合搅拌均匀;回锅,继续混合搅拌均匀。

3. 加入黑巧克力,混合搅拌均匀。

4. 倒入冰淇淋机内,搅打成巧克力冰淇淋。

5. 将"步骤4"装入裱花袋中,挤入硅胶球形模具内,使用抹刀将表面抹平。

樱桃冰淇淋

配方:

樱桃果蓉	550 克
葡萄糖	50 克
转化糖	20 克
幼砂糖	100 克
水	270 克

制作过程:

1. 将所有材料倒入熬糖锅中,混合加热煮至100℃;倒入锥形网筛内,过筛。

2. 将过筛的樱桃冰淇淋倒入冰淇淋内,混合搅拌成浓稠状态。

3. 将冰淇淋取出,装入裱花袋,挤入模具中,并将表面抹平放入速冻柜15分钟,取出,脱模,待用。

巧克力空心球

配方：

| 黑巧克力空心球 | 适量 |
| 白巧克力空心球 | 适量 |

制作过程：

1. 将巧克力冰淇淋挤入黑巧克力空心球内，放入速冻柜，急冻。

2. 将巧克力酱挤入白巧克力空心球内，表面挤上化开的白巧克力封口，放入速冻柜，急冻。

巧克力装饰

配方：

| 牛奶巧克力 | 适量 |
| 金粉 | 适量 |

制作过程：

调温：

1. 将 2/3 量的牛奶巧克力加热化开至 45℃，取出，逐渐加入剩余的巧克力，使用手
   持料理棒搅打降温至 29℃。

配件：

1. 将牛奶巧克力倒入模板表面，使用抹刀将其抹平，放入冷藏。

2. 将配件取出，表面喷水金粉，放入冷藏待用。

装饰与组装

巧克力脆香米	适量
银粉	适量
酸奶油	适量
花朵	适量
巧克力细长条	2 根

准备：

1. 将巧克力脆香米和银粉混合搅拌均匀。

制作过程：

1. 将蜂蜜奶油摆放在盘内，在表面挤上适量的蜂蜜果冻。

2. 将蜂蜜冰淇淋球放在表面，挤上巧克力酱作为粘接剂，将巧克力装饰球摆放在表面。

3. 将装饰的巧克力脆香米摆放在表面。

4. 将酸奶油挤在表面，在酸奶油表面放上花朵作为点缀。

5. 将巧克力冰淇淋球、樱桃冰淇淋球摆放在表面。

6. 将巧克力件随意切碎，插放在间隙处，边缘搭上两根巧克力细长条。

桃情蜜意

Maker || Jeremy　　**Photographer** || 王飞

口味描述：

把对你的情话装入蜜桃中，酿成香甜的扁桃仁糖浆香缇奶油，细细品味这一口浓浓的爱意。

巧克力壳

配方：

白巧克力	适量

制作过程：

调温

1. 将白巧克力隔水加热升温至 45℃，将巧克力放入冰水中 1~2 秒，以少量多次的方式加入白巧克力，搅拌使整体降温至 26℃。

巧克力壳

1. 使用毛刷将调好温的巧克力刷在直径 7 厘米的亚克力半球膜内，呈薄薄一层，放入冷藏，冷却凝固后再抹一层，共刷 3 次（保证厚薄度均匀）。

2. 将巧克力壳脱模，将其中一个半球顶端放在加热过的烤盘面上，化开接口，再与另外一个半球拼粘在一起形成圆球。

绒面

配方：

白巧克力	120 克
可可脂	100 克
白色色淀	5 克
橙色色淀	5 克

制作过程：

1. 将白巧克力、100 克的可可脂加热化开，混合搅拌均匀。

2. 加入白色色淀和橙色色淀，使用手持料理棒搅打均匀。

扁桃仁糖浆香缇奶油

配方：

淡奶油	250 克
扁桃仁糖浆	20 克

制作过程：

1. 将淡奶油倒入打蛋桶内，使用中速打发。

2. 加入扁桃仁糖浆，混合搅拌均匀。

Honey Peach Passion

桃子雪泥

配方：

桃子果蓉	500 克
幼砂糖	75 克
葡萄糖粉	20 克
稳定剂	2.5 克
水	122 克

制作过程：

1. 将幼砂糖、葡萄糖粉、稳定剂混合均匀；将水加热升温至 50℃，将幼砂糖混合物倒入水中，慢慢加热搅拌均匀。

2. 加入桃子果蓉，混合搅均匀，加入冰淇淋机内，搅拌降温至浓稠。

扁桃仁蛋白酥

配方：

幼砂糖	165 克
矿泉水	50 克
蛋白	130 克
烤扁桃仁粉	100 克
糖粉	80 克

制作过程：

1. 将幼砂糖、矿泉水混合，加入熬糖锅中熬至 125℃。

2. 将蛋白倒入打蛋桶内，当"步骤 1"糖浆熬制 110℃时，开始打发蛋白至中性发泡。

3. 将熬好的糖浆沿着桶壁倒入蛋白中，搅打均匀降至与手温相同。

4. 将扁桃仁粉、糖粉过筛，加入"步骤 3"中搅打均匀。

5. 倒入铺有不粘垫的烤盘内，抹至 1 厘米厚度，放入风炉中，以 160℃烘烤 17 分钟。

6. 取出，放入烤箱，以 90℃～100℃，烘烤 70 分钟。

7. 取出，用刀切成碎块，再放入网筛中，过筛成细末。

8. 取适量的蛋白（配方外）加入"步骤 7"内，混合搅拌均匀，铺平在烤盘内，以 100℃～120℃烘烤 2～3 小时至干。

扁桃仁桃子果酱

配方：

白桃	100 克
扁桃仁糖浆	10 克
柠檬汁	1/2 个
桃子果蓉	适量

制作过程：

1. 将白桃去皮切成小丁，再使用花嘴压出大小不同的圆形。

2. 将切好的桃子倒入扁桃仁糖浆、柠檬汁、桃子果蓉混合物中，翻拌均匀，在表面贴上保鲜膜，放置冷藏，静置浸泡 1 小时。

桃情蜜意
在线视频
更多信息请关注微信号：
yazhouxidian

焦糖扁桃仁

配方：

扁桃仁	适量
水	适量
幼砂糖	适量

制作过程：

1. 将幼砂糖和水加热煮沸，将扁桃仁倒入，翻炒至焦化，取出，放置冷却待用。

装饰与组装

三色堇花瓣	适量
叶子	适量

制作过程：

1. 将搅拌均匀的绒面过筛到喷枪内，喷洒在巧克力壳上，放入冷藏。

2. 将剩余的绒面取一部分，加入橙色色淀使用手持料理棒搅打均匀，过筛到喷枪内，喷在巧克力壳上，放进冷藏。

3. 将小号圈模表面加热，在巧克力壳表面戳出圆孔。

4. 在盘内挤上一滴扁桃仁糖浆香缇奶油，将巧克力壳粘在盘内。

5. 将扁桃仁糖浆香缇奶油挤入少量在巧克力壳内，再放上适量的扁桃仁桃子果酱、桃子雪泥及扁桃仁蛋白霜。

6. 将焦糖扁桃仁切开放入 4 瓣，再放上少量的扁桃仁桃子果酱，最后再挤一层扁桃仁糖浆香缇奶油。

7. 最后在表面放上扁桃仁蛋白霜、焦糖扁桃仁及叶子，倾斜盖上切开的巧克力盖子。

8. 将盘上挤入适量的扁桃仁糖浆香缇奶油，边缘放上适量的扁桃仁桃子果酱和焦糖扁桃仁。

9. 最后放上紫色的三色堇花瓣作点缀。

圣瓦伦丁面包

Maker || Jeremy
Photographer || 刘力畅

口味描述：

面包都是爱你的形状，看似朴实无华的
口感，进炉一热，你就知道内在有多美了。

配方：

T65 面粉	850 克
黑麦面粉	150 克
盐	20 克
酵母	15 克
中种面团	250 克
水	620 克
蜂蜜	60 克
茴香粉	3 克

制作过程：

1. 搅拌：将所有材料放入搅拌缸中，先慢速搅拌 6
   分钟，再快速搅拌 5 分钟至面团表面光滑，并能
   形成较薄的筋膜。
2. 基础醒发：取出面团，放入周转箱中，用盖子密
   封，放入醒发箱，室温下静置 40 分钟。
3. 分割：取出面团，用切面刀分割成 300 克一个。
4. 预整形：用手将面团压扁，做一次 3 折，然后搓
   成橄榄形。
5. 整形：取出面团，用擀面杖将橄榄形面团的两端
   对称的位置下压，擀成面皮，然后挤上橄榄油，
   折叠以后覆盖到面团中间，接口朝下，放在折成
   山字形的发酵布上。
6. 最终醒发：放入醒发箱，以温度 20℃、湿度 80%
   发酵 30 分钟。
7. 装饰：取出面团，正面朝上，在面团表面放上合
   适的印模，筛上 T65 面粉，再去掉印模。
8. 烘烤：入烤箱，以上火 230℃、下火 230℃烘烤
   20 分钟。

表例制作过程	
搅拌	面团能形成薄膜
基础醒发	室温（20℃）40 分钟
分割	300 克
预整形	橄榄形
整形	长条形
最终醒发	温度 20℃，湿度 80%，30 分钟
装饰	T65 面粉
烘烤	230℃/230℃烘烤 20 分钟

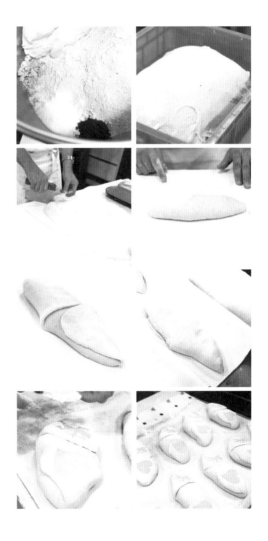

乡村面包

Maker || Jeremy　　**Photographer** || 刘力畅

口味描述：

造型简约的黑麦面包健康饱腹，对于健
身达人来说是求之若渴的极佳产品。

配方：

T55 面粉	850 克
T130 黑麦粉	150 克
水	670 克
盐	20 克
酵母	10 克
续种面团	250 克

制作过程：

1. 水解：将 T55 面粉、T130 黑麦粉、水倒入搅拌缸中，
   慢速搅拌 5 分钟，取出面团，放入周转箱，包上包面
   纸，室温下静置 20 分钟。

2. 搅拌：将所有材料放入搅拌缸中，先慢速搅拌 10 分钟，
   然后快速搅拌 5 分钟，使面团表面光滑，并能形成较
   薄的筋膜。

3. 基础醒发：取出面团，放入周转箱，翻折表面光滑，
   包上包面纸，放置室温下发酵 30 分钟，再放入醒发箱，
   以温度 23℃、湿度 80%，发酵 1 小时。

4. 分割：将面团取出，分割成 600 克一个。

5. 松弛：用手将面团搓圆，放在发酵布上，表面盖上发
   酵布，放入冰箱冷藏 1 小时。

6. 整形：将面团取出，上下对折成锥形，将锥形面团一
   半擀压，一半保留，将保留部分使用擀面杖竖着压出
   凹槽，将擀压部分边缘刷上蛋液，盖在凹槽的部分。

7. 最终醒发：将面团放在发酵布上，表面再盖上一张发
   酵布，放入醒发箱，以温度 25℃，湿度 75%，醒发
   30 分钟。

8. 烘烤：将面团取出，表面放上网格印模，筛上 T80
   面粉（配方外），入烤箱以上火 245℃、下火 235℃
   烘烤 30 分钟，喷 5 秒蒸汽。

表例制作过程	
水解	混合静置 20 分钟
搅拌	面团形成筋膜
基础醒发	温度 23℃，湿度 80%，1 小时
分割	600 克
松弛	3℃冷藏 1 小时
整形	锥形
最终醒发	温度 25℃，湿度 75%，30 分钟
整形与烘烤	245℃/235℃烘烤 30 分钟，5 秒蒸汽

Pain de Campagne

乡村面包
在线视频

更多信息请关注微信号：
yazhouxidian

林宝坚尼

Photographer || 刘力畅

口味描述：

充满艺术气息的造型，一道幽蓝的火焰如瀑布般倾泻
而下，光是白兰地挥发出来的浓烈酒香，就足以让你
沉醉。

标签：炫酷、极致、多样、表演

配方：

咖啡甘露	1 盎司（3 份）
加力安奴	0.5 盎司（3 份）
波士蓝橙	1/2 盎司
百利甜	1/2 盎司
森伯加	1 盎司
百加得 151° 朗姆酒	1 盎司

制作过程：

1. 把三个玛格丽特杯中分别放入 1 盎司咖啡甘露和
   0.5 盎司加力安奴，呈分层效果。
2. 把三个玛格丽特杯呈三角形并在一起，上面杯口朝
   下放上 V 型杯和白兰地杯，形成一幅杯塔。
3. 将利口杯中放入蓝橙和百利甜分层，放置白兰地杯
   上面。
4. 将森伯加和 151° 朗姆酒放进另一个白兰地杯中点
   着从上面缓缓倒下，点火。

Flaming Lamborghini

Burning Bacardi
燃情百加得

Photographer || 刘力畅

口味描述：
嚼一口燃烧过的柠檬，将朗姆酒一口饮尽，似火的青春在胸腔沸腾。

标签：火焰、黑色

配方：

黑朗姆酒	1 盎司
柠檬片	适量
红糖	1 吧勺
百加得 151° 朗姆酒	适量

制作过程：

1. 将子弹杯中倒入朗姆酒。
2. 将一片柠檬片盖杯口上面，再在柠檬片上面放入一吧勺红糖。
3. 往红糖上面滴入少许 151° 朗姆酒，点火即可。

从家庭烘焙大赛看中国的家庭烘焙市场

Author || 栾绮伟   **Photographer** || 刘力畅   王飞   葛秋晨

在 2016 年的中国上海秋季烘焙展上，第一届家庭烘焙大赛吸引了近千人参与，2017 年的秋季家庭烘焙大赛继续如约而至，海选人数达到近两千人，还吸引了不少国外的选手，火热程度已然能够窥见。

近些年，私房烘焙和 DIY 的字样随处可见，家庭烘焙的兴起是大众对生活品质更高层次追求的直接体现，这些意识的存在势必会作为常态一直被延续，并且能在未来助力烘焙行业走入黄金发展阶段。家庭烘焙大赛的成功举办是现阶段市场对家庭烘焙的一种认可，而这一个活动也像是一个缩影，放大其中的细节来看或许会有不一样的心得获取。

从大赛的参与人员来看市场

第一届家庭烘焙大赛的海选吸引了近千人参与，其中占比最高的是私房烘焙店主和家庭主妇，其次是烘焙美食博主、时尚达人、精英白领，他们从事着不同的职业，来自不同的地方，在后期采访中，组织者曾对他们踏入烘焙行业的原因做了一个统计，并进行了分析，原因大致可以分为三类。

第一类是自身对生活品质的追求，他们都有着一定的经济基础，并且对生活抱有精致的态度。这个和我国经济水平的提高是密不可分的，生活质量的提高促使人们在衣食住行上下功夫，改善生活品质。家庭烘焙很好地满足了他们这方面的心理需求，自己动手不但可以表达情感，也可以丰富自己的业余生活。

第二类是从家人健康的层面考虑的，在参与的选手当中，有不少是带有"母亲"这个身份的。她们或许是家庭主妇，或许是工作闲暇时间比较多的上班族，有了一定的生活阅历和文化积累，她们通过互联网或者传统媒体了解到市场上一些食品中存在的负面性，比如说蛋糕中的添加剂、奶油中的反式脂肪酸等，让她们意识到这些因素会影响家中老人或者孩子健康，所以她们会选择亲手制作美食。

第三类是对烘焙产品的喜爱，他们进入烘焙行业或许是因为一个蛋糕的美丽装饰，或许是一次不错的美味体验，一旦进入之后，强大的好奇心与兴趣会使他们保持着很大的市场敏感度。他们敢想敢做，会尝试新的烘焙技巧，有很强的执行力，是最接地气的研发者和艺术家。

以上三种原因在很多选手身上都能看到，而随着生活质量的越来越好，拥有这些心理诉求的人会越来越多，类似群体的人数也会变得更多，那么，市场上相关联的需求就会更加多元，这个行业也就会更加壮大。

另一个赞助商老板电器的品牌价值一直位列国内厨电行业第一位，通过此次大赛的举办，它们也是逐步地积极开创自己品牌的"家庭烘焙"粉丝群。

总结

家庭烘焙大赛是中国内地首次比较有规模的针对该领域的大赛，从第二届报名参加的人数来看，影响力已经明显高于第一届，说明家庭大赛在家庭烘焙人群中的影响已经在逐步慢慢的形成，或者说家庭烘焙人群在加速壮大，这个也从侧面看出大赛的风向标作用对行业产生的积极作用是非常值得肯定的。目前中国家庭烘焙的普及率不及 50%，与欧美国家的 100% 相差甚远，这个差距就是未来庞大的家庭烘焙市场。借市场空白契机而形成的个体或者企业，必将会形成成熟的产业链，而这个链条最终将会伸向哪里，或许在不久的将来就能遇见。

从大赛赞助商与主办方来看市场

除了参赛选手，第一届家庭烘焙大赛的赞助商和主办方们也是值得一说的。企业对于某一个领域的重视，也会催生企业事业部对该领域的重视，同时促使该领域的产品在市场上的占比持续增加。

第一届家庭烘焙大赛的主办方是豆果美食、王森国际咖啡西点西餐学院和中国烘焙食品工业协会，三者分别是网络烘焙社交平台、烘焙教育和烘焙协会中的领军品牌，对家庭烘焙这一领域有着不同层面的强大资源和把控能力，同时借助这个大赛也帮助自身企业更加深入家庭烘焙这个领域，同时为家庭烘焙市场的拓展提供新的方向。

企业应对一个市场开发新的产品时，就已经说明了市场出现了更加广阔的可能性。烘焙产业由企业发展向个人消费延伸，越来越多的个体消费者在家庭制作个性化烘焙产品，体现在市场层面上就是企业开发了更多的烘焙原料、个性化家庭体验课程、家庭室烘焙电器等，比如长帝烤箱签约时尚烘焙达人，借此告诉市场企业由家电制作转型服务业；美的在 2011 年时，就已确定烘焙类产品群和健康产品群，目标也是针对家庭烘焙市场。

第一届大赛的赞助商"金像牌"面粉的客户组群一直是连锁店、大型的连锁快餐店、五星级酒店、全香港的大部分零售面包店，

美国加州核桃
——不能错过的金秋美味

美国加州核桃营养丰富，味道香甜，广泛运用于烘焙类、饮品类、甜点类等各个领域，为您的产品增加美味的口感和价值。作为营养丰富的超级食物，最新研究显示食用美国加州核桃可以通过增加肠道中益生菌的数量来改善消化系统的健康。美国加州核桃是唯一富含 $\Omega-3$ 脂肪酸的坚果，每 28 克核桃中含有 2.5 克 $\Omega-3$ 脂肪酸，并且可以提供丰富的蛋白质和纤维。有了营养又美味的美国加州核桃的加入，上架产品定会勾起消费者的购买欲望，带来一波销售高峰！

从 CUVÉE BALI 探索
可可豆生产的 可持续发展

Author || 栾绮伟　　**Photographer** || 施方丽

法芙娜亚太区总裁 Pierre

从 15 世纪可可豆走入人们视线开始，几百年的变迁使可可豆换了多种模样，从贵族产物到如今的大众食品，可可豆的每一次创新研发都在引领着人们对味蕾的进一步追求，而这每一次的进步，都牵扯着每一颗可可豆的新生与重造。

可可树从种植到产果的时间，一般是 3~4 年，在第 7~8 年时产值达到最高值，春秋季开花，一年两次结果。可可豆的品种决定了可可豆的可能性价值，而最终的实际价值，和可可豆的生长环境和后期处理是分不开的。这个历程是充满了不确定性的，但也是因其这些不确定性，才给了研发者和种植者更多的可能性，来创造可可制品的多样性。

研发与创新是产品的牛存法则，但是只关注产品本身的话，对于企业来说层次会过于狭隘。法芙娜一直是巧克力制品中的领先者，它从多年前就已经确定"四个可持续发展战略"，包括可可（豆）可持续发展、美食可持续发展、环境可持续发展和共同可持续发展，依据这些战略，法芙娜一直在全球范围内寻找可可豆种植合作伙伴，并在过去五年内与 11 个国家进行了 20 多个社区项目，帮助可可种植技术更好的传播，也助力当地居民实现更好的价值创收。下面就以 Bali 的种植与处理过程为例，详细介绍一下老牌经典巧克力品牌法芙娜与巴厘岛在可持续发展战略上的新碰撞、新发现和新改良。

在近些年，由于亚太地区烘焙行业的高速发展，众多品牌将原材料生产地的目光放在了亚太地区，巴厘岛凭借自身得天独厚的地理和气候环境，首当其冲地出现在备选的名单上。但是巴厘岛当地的农场主一直对可可种植的方法都有所欠缺，可可豆产值与效益达不到良性的平衡，导致农场主种植不积极、可可产值与质量不高。法芙娜经过很长时间实地探索与研究，在当地确定并研发了一款新的可可品种，即 Cuvée Bali。它是由巴厘岛当地的一款原生可可豆树和 Lindaic 嫁接而成的新树种。

嫁接技术是生物学中频繁使用的一门技术，以 Cuvée Bali 制作为例，研发工作者将一株较年轻的巴厘岛可可豆树的枝芽嫁接到 Lindaic 树种上，再细心培育将其养成一棵完整的新植物，其长出的果实可以综合原品种的优点，帮助可可豆更好地抵御病虫害，并增加树品的生产量。

可可树在生长过程中，需有均匀分布的降雨量和肥沃、排水通畅的土地。为了给新品种提供更好的生长环境，法芙娜与当地农场主因地制宜地想出了一个新的方法。他们在栽种可可树的旁边，依次种植上椰树、香蕉树和鲜花，并且将种植点呈等间距铺开，利用其他树的树叶为可可树遮挡阳光，同时也优化了土壤条件，提高了单位土地上的产物的产值，在等待可可成熟的期间，其他农副产品依然可以为农场主带来经济效益。这样不但可以保证可可树生长环境的湿度不低于80%，温度在25℃，不让阳光直射；而且在巴厘岛为当地生产者提供了可可（豆）的可持续发展的新途径，帮助和支持可可豆生产者们的实际生活。

可可豆的风味会受到当地很多因素的影响。首先，我们可以看到不同品种的可可树所产出的豆荚颜色是不同的，这对于可可豆的口感有一定影响；其次，种植园周围的环境也会对可可豆品质有相应的影响；而可可豆的发酵、干燥过程及最终法国法芙娜的总部的制作工艺则是对可可豆风味起决定性作用的关键因素。

图1-2 巴厘岛特有可可豆介绍。
图3 - 可可种植生态园香蕉。
图4 - 可可种植生态园椰子。
图5-8 - 可可树嫁接技术现场展示。

图 1 – 庄园可可豆品种展示介绍
图 2 – 巴厘岛引进品种展示
图 3 – 可可豆二次发酵
图 4 – 可可豆晾晒、风干
图 5 – 风干后的可可豆

Explore the Sustainable Development of Cocoa Production

在可可豆生长成熟之后，农场工作人员通过弯刀或者钩杆收割成熟的可可豆荚，用手进行剥籽，并第一次挑选。新鲜的可可果实是具有清香的甜味，有点类似山竹的味道。劣质的豆子多数是被虫咬的，在这一阶段会首先去掉。同时，为了更好地延伸可可豆的生产链，他们将可可豆荚的壳和瓤收集起来，用来制作牛的饲料，使废物进行二次利用。

每个豆荚中含有 15~30 颗的种子，种子即可可豆，由糖衣包裹。糖衣是一层白色的薄膜状物质，它在可可豆的发酵过程中起着非常重要的作用。发酵过程一般是分成两次。第一次发酵时，将包着糖衣的可可豆放入带有孔洞的木质箱子中，并在上面覆盖香蕉叶和麻木，一般用时在 4~6 天。其中在 3~4 天时，会对可可豆进行一次翻面，翻面的时机是根据木箱中可可豆的发酵温度而决定的，一般是达到 45℃时，即需翻面。这个过程是可可豆产生香味的重要过程，不能接触带有不好气味的材料，否则会影响成品的质量。发酵时的搅拌是需要操作人员随时监控的。

在完成第一次发酵之后，制作人员需要对可可豆进行换箱操作，继续进行第二次发酵，这个过程大概是 3 天，期间需要不停地对可可豆搅拌，对其进行升温和降温的操作，最终可可豆的温度需在 45℃左右。全程需要人工操作，这个过程完成之后，可可豆表面的糖衣呈现融化和黏连的状态。

图 1 - 可可荚回收。
图 2 - 可可荚二次利用。
图 3 - 可可豆二次选豆。
图 4 - 可可生产的巧克力产品制作展示。

发酵完成后，可可豆需要进行干燥，法芙娜的可可豆均采用自然晾晒的形式风干，有些巧克力制造商为了方便省事，往往会采用机器进行干燥，尽管使用机器风干能加快干燥过程并节约制作成本，却无法保存其独特的可可豆自然风味。在晾晒时也要对阳光和温度进行严格把控，生产者们依据巴厘岛的自然气候，会将可可豆摊放在垫有网布的加高木板上，在上面也会做一个三角形的木架，在木架向阳的一面蒙上隔热的塑料布，另一面用来通风不做处理，这样的晾晒过程会持续 3~10 天，最终将可可豆中的水含量降至 8% 左右，经过这个过程之后，可可豆的内部就呈现了我们最熟悉的黑色了，口感也是非常苦了。

在干燥过程后，可可豆将经过严格的筛选，拣豆是一个纯手工的操作，将干燥的可可豆进行逐颗挑选，一旦发现不符合发酵要求或是未达到质量要求的可可豆都将被分拣出来，去除次品豆后，优质的可可豆将装袋密封，运输到法国法芙娜总部。

在巴厘岛将可可豆的前期加工完成之后，这些豆子就会被密封送往法国法芙娜的总部进行进一步地加工与细致化工作，最终呈现出 2017 法芙娜限量版新品 Cuvée e Bali，这是法芙娜与巴厘岛合作的第一份成果，也是与种植组织 Kerta Semaya Samaniya(KSS) 的第一次合作，这次的成果不但使法芙娜在创新道路上更上一层楼，而且也帮助 KSS 完成了国际出口，是一次双赢的合作，实现了利益相关者的可持续发展。

十月大赛精彩回顾

Author || 栾绮伟　　**Photographer** || 刘力畅

日本东京蛋糕展

背景介绍：

由社团法人东京都洋果子协会举办的 JAPAN CAKE SHOW TOKYO（日本蛋糕展）是日本国内制果业的一次盛大的作品展，其中也有引进国外食品文化的洋果子。随着时代的发展，日本东京蛋糕展已变成用来表现技能的一种艺术手段，因此近年来也被业内人士认为是一种竞技的作品展。主办者还有社团法人日本洋果子协会联合会。

媒体评语：亚洲最大、最具综合性的蛋糕展会

举办地点：日本东京

举办时间：10 月 15 日 - 10 月 18 日

专业领域：蛋糕、食品工艺

关注指数：★ ★ ★ ★

专业指数：★ ★ ★ ★ ★

世界影响力：★ ★ ★

备注：

2015 年，中国选手韩磊老师获得了翻糖工艺组联合会会长大奖（即最高奖项）为中国第一人。

2017 年，中国选手顾碧清，在大赛中获得了 Japan Cake Show 银奖。

世界面包大赛

背景介绍：

世界面包大赛开始于 2007 年，由世界面包大使团在法国创建。截止到目前，已经有 50 余个国家和地区参加，它代表了世界最高的面包烘焙水平，自创始之初，就已成为世界面包行业中的权威赛事，每两年举办一次。

媒体评语：面包界的大师赛

举办地点：法国

举办时间：10 月 12 日 - 10 月 22 日

专业领域：面包工艺

关注指数：★ ★ ★ ★ ★

专业指数：★ ★ ★ ★ ★

世界影响力：★ ★ ★ ★

备注：

除了世界面包大赛，面包世界杯大赛也是面包界的著名赛事，前者是每两年举办一次，后者是每四年举办一次（中间有大师赛）。近几年，中国选手在这两个比赛中都有涉猎，2010 年中国台湾省的吴宝春取得首届面包世界杯大赛冠军，他是中国第一个面包世界冠军。

2017 年，中国选手朋福东 & 龚鑫，在总比分中排名第六，并获得最佳艺术面包奖。

FIPGC 世界冠军杯（意大利冠军赛）

背景介绍：

FIPGC 世界甜点、冰激凌、巧克力冠军杯是由甜点、冰激凌、巧克力联盟举办的比赛，大赛接受来自各个国家的选手报名。冠军杯每两年举办一次，决赛为团体赛，但是会有选手奖。

媒体评语：甜点冠军赛

举办地点：米兰国际展览中心

举办时间：10 月 21 日 -10 月 22 日

专业领域：食品工艺、甜点、冰激凌、巧克力

关注指数：★ ★ ★ ★

专业指数：★ ★ ★ ★

世界影响力：★ ★ ★

备注：

2017 年 FIPGC 世界冠军杯的主题是"发现巧克力和咖啡的世界"，比赛项目为巧克力和夹馅巧克力造型、糖艺造型和现代蛋糕、糖霜造型和单份冰激凌甜点。该比赛的中国区预选赛已于今年 6 月份完成，拉糖冠军得主张超、巧克力工艺冠军得主王启路、翻糖工艺冠军得主韩磊将组成团体，参与此次比赛。

2017 年，中国选手韩磊 & 王启路 & 张超，获得了团体第二名奖、最佳艺术造型奖。

world**skills**
China

世界技能大赛

世界技能大赛 - 糖艺西点组

世界技能大赛 - 烘焙组

媒体评语：世界青年的技能"奥运会"

举办地点：阿联酋阿布扎比

举办时间：10 月 14 日 -10 月 19 日

专业领域：46 个技能项目

关注指数：★ ★ ★ ★ ★

专业指数：★ ★ ★ ★

世界影响力：★ ★ ★ ★ ★

备注：

世界技能大赛的参赛选手的年龄限定在 22 周岁以下，中国上海成功申办 2021 年第 46 届世界技能大赛。

2017 年，中国选手蔡叶昭，荣获烘焙组冠军，中国选手吕浩然，荣获糖艺西点组优胜奖（第五名）。

背景介绍：

世界技能大赛是每两年举办一次，素有"技能奥林匹克"之称，其宗旨是通过举办世界技能大赛，加强各国之间的交流合作，促进青年人和培训师职业技能水平的提升，在世界范围内宣传技能对经济社会发展作的贡献，鼓励青年投身到技能事业中。

2010 年 10 月我国加入世界技能组织后，分别于 2011 年、2013 年、2015 年、2017 年参加了 41、42、43、44 届世界技能大赛。特别是 2017 年的第 44 届世界技能大赛中，中国代表团获得了 15 枚金牌、7 枚银牌、8 枚铜牌和 12 个优胜奖，以 15 枚金牌位列金牌榜榜首！创造中国代表团参加世赛项目以来的最好成绩！

遥远传说

巧克力塔挞与洛神花茶，覆盆子以及黑巧克力口味的结合

覆盆子奶油

配方：

全脂牛奶	90 克
无糖奶油（脂肪含量 35%）	90 克
蛋黄	69 克
糖	14 克
覆盆子果蓉	279 克
吉利丁片（180 凝胶力）	9 克
冷水	45 克

制作过程：

1. 将吉利丁片放入冷水中泡发，取出，沥干水分，与全脂牛奶和奶油混合，加热煮沸。
2. 将蛋黄和糖混合，缓缓地加入"步骤 1"，搅拌均匀。
3. 继续加热至 83℃，离火。
4. 加入泡发的吉利丁片和覆盆子果蓉，用手持搅拌器打发至乳液状，注入挞壳内，冷藏储存。

巧克力杏仁牛轧糖

配方：

全脂牛奶	30 克
无盐黄油	80 克
葡萄糖	30 克
糖	95 克
黄色果胶	2 克
可可粉	7 克
杏仁碎	190 克

制作过程：

1. 将全脂牛奶、无盐黄油和葡萄糖混合，加热至沸腾，离火。
2. 将糖与黄色果胶混合拌匀，倒入"步骤 1"内，再次加热煮沸。
3. 离火，加入杏仁碎和可可粉，并搅拌均匀，将其平摊于两层烘焙纸之间。
4. 入烤箱，以 180℃烘烤约 9 分钟。
5. 取出，用圈模压出合适大小的圆形形状，备用。

黑巧克力慕斯

配方：

糖浆	133 克
蛋黄	73 克
黑巧克力（可可脂含量 64%）	240 克
1 号无糖奶油（脂肪含量 35%）	100 克
2 号无糖奶油（脂肪含量 35%）	356 克

制作过程：

1. 将糖浆煮沸并缓缓倒入蛋黄内，搅拌均匀并加热至 83℃。
2. 离火，充分打发混合。
3. 充分打发 2 号无糖奶油。
4. 将黑巧克力加热至 45℃使其化开，将 1 号奶油加热煮沸并缓缓倒入其中，从而形成乳状物。
5. 将"步骤 4"中巧克力混合物倒入"步骤 2"中，缓缓加入打发的 2 号无糖奶油，混拌均匀。
6. 将慕斯置于小圆弧容器内，冷藏储存。

Golden Crumble
金色薄片形巧克力制品

Spear dark/white assortment
矛形黑白混合巧克力制品
Use Spear dark for the decoration

Medium Round Chocolate Tart Shell With
Coating
大圆形巧克力挞壳
CHP0292 厨艺工坊手制巧克力挞壳中圆形

Golden Crumble
金色薄片形巧克力制品

直径 20 毫米（0.79 英寸）

直径 6 毫米（0.24 英寸）

长 200 毫米（7.87 英寸）

Spear dark/white assortment
矛形黑白混合巧克力制品
Use Spear dark for the decoration

高 16 毫米（0.62 英寸）

直径 57 毫米（2.26 英寸）

Medium Round Chocolate Tart Shell With Coating
大圆形巧克力挞壳
CHP0292 厨艺工坊手制巧克力挞壳中圆形

洛神花·覆盆子果冻糖浆

配方：

水	120 克
糖	180 克

制作过程：

1. 将水和糖混合并加热煮沸，冷藏储存。

洛神花·覆盆子果冻

配方：

覆盆子果蓉	370 克
洛神花茶叶	10 克
糖浆	19 克
吉利丁粉	8 克
冷水	40 克

制作过程：

1. 将吉利丁粉用冷水泡发。

2. 将覆盆子果蓉、糖浆和洛神花茶叶混合，加热至 50℃，静置 30 分钟。

3. 过滤，继续加热至 60℃。

4. 离火，加入泡发的吉利丁粉，混合均匀，倒入挞壳中，冷藏储存。

洛神花淋面

配方：

全脂牛奶	160 克
洛神花茶叶	18 克
糖	200 克
葡萄糖	200 克
甜炼乳	100 克
吉利丁粉（180 凝结力）（用 75 克冷水泡发）	15 克
可可脂	60 克
红色天然色素	适量
蓝色天然色素	适量

制作过程：

1. 将全脂牛奶和少许洛神花茶叶混合，加热至 50℃，静置 30 分钟。

2. 过滤，加入糖和葡萄糖，并加热煮沸至 103℃。

3. 加入甜炼乳、泡发的吉利丁粉和适量红色、蓝色天然色素，混拌均匀。

4. 加入化开的可可脂，用手持搅拌器打发至乳状。

5. 冷藏 12 小时。

6. 取出使用时，需将淋面回温至 29℃时。

组装

配方：

金色薄片形巧克力制品	适量

制作过程：

1. 将挞取出，在上面放一片巧克力杏仁牛轧糖。

2. 取出黑巧克力慕斯，淋上淋面，并在顶部撒上金粉。

3. 将"步骤 2"摆放在"步骤 1"当中。

4. 装饰上金色薄片形巧克力制品。

经销商：西诺迪斯食品（上海）有限公司

地址：上海市万荣路 700 号大宁中心广场 A1 幢南楼

电话：021-60728700

传真：021-60728798

4-KUADRO

立体方块

配方由 Francesco Boccia 主厨与矽利康专业烘焙模具共同制作完成。

柠檬香草芭芭露

配方：

新鲜全脂牛奶	115 克
柠檬皮屑	5 克
蔗糖	40 克
葡萄糖	40 克
波旁香草豆	1 个
杏仁泥	70 克
吉利丁片	7 克
水（用于浸泡吉利丁片）	35 克
打发半打发乳脂含量 35% 的淡奶油	370 克

制作过程：

1. 将柠檬皮屑、波旁香草豆一起用牛奶浸泡，放入冰箱中，以 4℃冷藏 12 个小时。

2. 将吉利丁片放入冷水中浸泡变软，再放入微波炉加热使它化开。

3. 将"步骤 1"过滤，重新加热至 40℃，再加入蔗糖和葡萄糖，混合。

4. 加入杏仁泥，用搅拌机搅拌均匀，再加入先前化开的吉利丁片，混合均匀，
   冷却至 35℃，待用。

5. 拌入新鲜的半打发乳脂含量 35% 的淡奶油，混拌均匀，冷藏待用。

法式蛋白霜

配方：

新鲜蛋白	100 克
蔗糖	250 克
蔗糖	50 克

制作过程：

1. 将蛋白与 250 克蔗糖混合，打发。

2. 用中速搅打 10 分钟左右，再加入 50 克蔗糖。

3. 搅打数秒后关闭搅拌机，将蛋白霜倒出。

4. 用 7 号裱花嘴挤出一些蛋白霜块，入烤箱，以 80℃烘烤约 2 小时。

5. 出炉，冷却，放在可可脂中保存，用于防水防潮。

草莓覆盆子柠檬酱

配方：

覆盆子酱	25 克
吉利丁片	4 克
柠檬皮屑	2 克
水（用于浸泡吉利丁片）	20 克
甜度 10% 的草莓果泥	150 克
柠檬汁	5 克
蔗糖	15 克

制作过程：

1. 将吉利丁片放入 20 克冷水中浸泡变软，再放入微波炉中加热，使它化开。

2. 将覆盆子酱和甜度 10% 的草莓果泥拌匀，加热至 35℃时，加入蔗糖、柠檬皮屑和柠檬汁。

3. 离火，在化开的吉利丁片中分两次倒入"步骤 2"果酱，用刮刀混拌均匀。

4. 将"步骤 3"倒入模具中，至 1 厘米厚，放入急速冷冻柜冷冻。

5. 取出，用刀将冰冻果酱切成 1 厘米左右的小块（要略小于模具的尺寸）。

4-KUADRO

黄色天鹅绒涂层

配方：

可可脂	100 克
黄色水溶性色素	10 克

制作过程：

1. 将可可脂加热化开，在 45℃时加入黄色水溶性色素，混合均匀。

2. 离火，冷却至 35℃时，过滤，放入急速冷冻柜中冷冻。

模具：4KUADRO150
尺寸：60 毫米 ×60 毫米，高 50 毫米
容积：50 毫升 ×8 =1200 毫升

组合

配方：

中性果冻（各色）	适量

制作过程：

1. 在 4Kuadro150 模具内注入柠檬香草芭芭露至一半高度，在内部放入草莓覆盆子柠檬酱，再注入柠檬香草芭芭露至没过果酱表面。

2. 将法式蛋白霜填充模具至满，放入急速冷冻柜冷冻。

3. 冻硬后取出脱模，用黄色天鹅绒涂层做表面装饰。

4. 最后用中性果冻（各色）装饰。

GEM100 BRUNO COURET

橙色宝石

配方由 Bruno Couret 主厨与矽利康专业烘焙模具共同制作完成。

果仁脆

配方：

乳脂含量 82% 的黄油	145 克
红糖	145 克
T55 面粉	18 克
盐之花	4 克
杏仁粉	120 克
杏仁碎	90 克
榛子碎	90 克

制作过程：

1. 将所有的原料混合，搅拌成面团。
2. 用擀面杖将面团擀成厚度为 3 毫米左右的面皮，用切模切成需要的大小并整形。
3. 入烤箱，以 175℃烘烤 10~12 分钟。

牛奶巧克力榛子饼干

配方：

54% 杏仁膏	200 克
纯榛子酱	65 克
全蛋	340 克
T55 面粉	35 克
马铃薯淀粉	55 克
发酵粉	5 克
乳脂含量 82% 的黄油	95 克
35% 牛奶巧克力	120 克

制作过程：

1. 将 54% 杏仁膏和纯榛子酱混拌均匀。
2. 少量多次地加入全蛋，混合均匀。
3. 加入马铃薯淀粉、T55 面粉和发酵粉，混拌均匀。
4. 将 35% 牛奶巧克力和乳脂含量 82% 的黄油混合，化开，并倒入"步骤 3"中，混拌成面团。
5. 用擀面杖将面团擀薄，放入 60 毫米 ×40 毫米的饼干盘内。
6. 入烤箱，以 175℃烘烤约 15 分钟。

橙子果酱

配方：

橙子皮屑	150 克
橙汁	240 克
糖	240 克
54% 杏仁膏	40 克
肉桂棒	2 个
茴香	2 个

制作过程：

1. 将肉桂棒和茴香浸在橙汁里，至少 12 小时。
2. 将橙子皮屑过四遍热水，加入"步骤 1"中。
3. 再加入橙汁和糖，并慢慢熬煮一个小时。
4. 离火，加入 54% 杏仁膏，混合拌匀。

香橙奶油

配方：

乳脂含量 82% 的黄油	190 克
全蛋	300 克
冰糖	260 克
血橙泥	135 克
柠檬汁	半个
吉利丁片	7.5 克（用 37.5 克冷水浸泡）
糕点奶油粉	15 克

制作过程：

1. 将全蛋、冰糖、血橙泥、柠檬汁和糕点奶油粉混合，煮沸。

2. 在熬煮结束后，加入泡水的吉利丁片，混合均匀，晾凉至 36℃待用。

3. 加入打发好的乳脂含量 82% 的黄油，用搅拌机混合均匀，再倒入模具内。

果仁糖薄霜

配方：

糖	115 克	吉利丁片	17 克（用 85 克冷水浸泡）
半脱脂牛奶	350 克	乳脂含量 82% 的黄油	140 克
乳脂含量 35% 的灭菌淡奶油	150 克	50% 杏仁和榛子酱	170 克
蛋黄	105 克	纯榛子酱	25 克
糕点奶油粉	35 克	打发乳脂含量 35% 的灭菌淡奶油	290 克

制作过程：

1. 将糖、半脱脂牛奶、150 克乳脂含量 35% 的灭菌淡奶油、蛋黄和糕点奶油粉混合打发，制作成奶油馅。

2. 将泡水的吉利丁片化开，放入"步骤 1"中，混合均匀，待用。

3. 用搅拌机搅拌乳脂含量 82% 的黄油，并加入"步骤 2"、50% 杏仁和榛子酱、纯榛子酱，一起搅拌均匀。

4. 调至低速搅拌，加入打发好的 290 克乳脂含量 35% 的灭菌淡奶油拌匀，待用。

牛奶巧克力橙子淋面

配方：

水	125 克	35% 牛奶巧克力	250 克
葡萄糖浆	250 克	吉利丁片（用 70 克冷水浸泡）	14 克
白糖	250 克	脂溶性黄色色素	5 克
甜炼乳	165 克	脂溶性红色色素	5 克

制作过程：

1. 将水、白糖和葡萄糖浆混合，加热至 105℃。

2. 加入泡软的吉利丁片和甜炼乳，混合均匀。

3. 倒在 35% 牛奶巧克力中，混合均匀，再加入脂溶性黄色、红色色素调色。

4. 充分混拌，晾凉至 25℃使用。

组合

材料：

巧克力	适量
榛子饼干	适量

制作过程：

1. 在 Gem 100 模具中注入一层果仁糖薄霜，再铺上一层橙子果酱。

2. 在内部填入一层香橙奶油和一层果仁脆，最后注入剩下的果仁糖薄霜至充满模具。

3. 放入急速冷冻柜中冷冻。

4. 脱模，进行淋面。

5. 顶部用巧克力和榛子饼干装饰。

模具：Gem 100
尺寸：61 毫米 ×61 毫米，高 30 毫米
容积：100 毫升 ×8 =800 毫升

CUBIK

巧克力魔方

配方由 Dinara Kasko 主厨与矽利康专业烘焙模具共同制作完成。

酥脆层

配方：

60% 黑巧克力	60 克
糖	50 克
水	20 克
榛子巧克力	80 克
66% 黑巧克力	40 克
葡萄籽油	10 克

制作过程：

1. 将糖和水混合，加热至 118℃。

2. 加入 60% 黑巧克力，并熬煮至呈现金黄色及出现焦糖味，离火。

3. 冷却，用擀面杖压成 2 毫米 ×2 毫米左右的小块。

4. 加入榛子巧克力、葡萄籽油和 66% 黑巧克力混拌均匀，冷藏待用。

海绵蛋糕

配方：

杏仁粉	90 克	可可粉	40 克
糖	90 克	发酵粉	3.5 克
全蛋	114 克	蛋白	170 克
蛋黄	114 克	糖	70 克
面粉	55 克	黄油	55 克

制作过程：

1. 用打蛋器将杏仁粉、90 克糖、全蛋和蛋黄混合，搅打 5 分钟至混合均匀。

2. 将 70 克糖和蛋白混合，打发成蛋白霜。

3. 将粉类混合过筛，加入"步骤 1"中，混合均匀。

4. 在"步骤 3"中，逐次加入蛋白霜和化开的黄油，轻轻地搅拌均匀，待用。

奶油

配方：

糖	92 克
乳脂含量 35% 的奶油	164 克
葡萄糖	12 克
66% 黑巧克力	90 克
黄油	30 克

制作过程：

1. 在乳脂含量 35% 的奶油中加入葡萄糖，加热至微沸。

2. 在炖锅内放入糖，加热直到糖变成焦糖色，倒入"步骤 1"和蔗糖，混合均匀。

3. 离火，将焦糖冷却至 80℃，加入 66% 黑巧克力，不断搅拌至巧克力完全化开，使质地变得柔滑，室温冷却待用。

模具
Cubik1400
尺寸：172 毫米 ×172 毫米，高 50 毫米
容积：1400 毫升

卡仕达酱

配方:

乳脂含量 35% 的奶油	160 克
牛奶	160 克
蛋黄	68 克
糖	40 克
吉利丁片（用 55 克水浸泡）	11 克

制作过程:

1. 将吉利丁片放入 55 克冷水中浸泡，待用。

2. 将乳脂含量 35% 的奶油和牛奶混合，煮沸。

3. 将蛋黄和糖混拌均匀，将"步骤 2"倒入其中，混合均匀。

4. 继续加热，煮至 84℃时，离火，加入吉利丁片，混合均匀，冷藏待用。

黑巧克力慕斯

配方:

卡仕达酱	150 克
66% 黑巧克力	184 克
打发乳脂含量 35% 的打发淡奶油	160 克

制作过程:

1. 将 66% 黑巧克力化开，少量多次地加入卡仕达酱，混合拌匀。

2. 用手持搅拌机搅打至顺滑。

3. 冷却至 40℃，加入轻度打发的乳脂含量 35% 的淡奶油，混拌均匀，冷藏待用。

白巧克力慕斯

配方:

卡仕达酱	276 克
34% 白巧克力	342 克
打发乳脂含量 35% 的打发淡奶油	414 克

制作过程:

1. 将 34% 白巧克力化开，少量多次地加入卡仕达酱，混合拌匀。

2. 用手持搅拌机搅打至顺滑。

3. 冷却至 32℃，加入轻度打发的乳脂含量 35% 的淡奶油，混拌均匀，冷藏待用。

红色淋面

配方:

水	50 克
糖	100 克
葡萄糖浆	100 克
白巧克力	100 克
吉利丁片（用 40 克冷水浸泡）	8 克
炼乳	66 克
红色色素	适量

制作过程:

1. 将吉利丁片放在 55 克冷水中，浸泡变软待用。

2. 将水、糖和葡萄糖浆混合，加热煮沸成热糖浆。

3. 将热糖浆倒入白巧克力中，混拌均匀，加入炼乳和变软的吉利丁片。

4. 用打蛋器搅拌均匀，加入适量红色色素混合均匀，制成乳液状。

巧克力天鹅绒涂层

配方:

白巧克力	100 克
可可脂	100 克
黑色色素	适量

制作过程:

1. 将白巧克力和可可脂隔水化开，混合均匀。

2. 当温度达到 40℃时，加入适量黑色色素混合均匀，待用。

组合

制作过程:

1. 在 16 厘米 ×16 厘米的模具的底部，先放一层酥脆层，再铺一层海绵蛋糕。

2. 先注入一层奶油，再注入黑巧克力慕斯，将模具放入急速冷冻柜中，至凝固取出。

3. 注入白巧克力慕斯至填满整个模具，继续冷冻，成型后取出，脱模。

4. 用巧克力天鹅涂层和红色淋面做表面装饰。

MOOLIGHT_NINA

月光奏鸣曲

配方由 Nina Tarasova 主厨与矽利康专业烘焙模具共同制作完成。

红色天鹅绒海绵蛋糕

配方：

面粉	170 克	发酵粉	5 克
糖	100 克	全蛋	90 克
可可粉	20 克	色拉油	150 克
盐	3 克	酪乳（天然酸奶或酸奶油）	140 克
小苏打	4 克	红色色素	适量

制作过程：

1. 将所有粉类过筛至盆内。

2. 加入全蛋、色拉油、酪乳和糖混合均匀，最后加入适量红色色素，混合均匀。

3 用刮刀搅拌至面糊顺滑，不可用力敲击。

4. 将面糊注入烤盘内，用抹刀抹平（厚度约 1 厘米）。

5. 入烤箱，用 170℃烘烤 10 分钟~15 分钟。

糖渍樱桃

配方：

樱桃果蓉	170 克
糖	80 克
NH 果胶	8 克
糖	30 克
柠檬浓缩液	40 克
去核的樱桃	120 克
香草荚	1 个

制作过程：

1. 将樱桃果蓉和 80 克糖混合均匀，加入切碎的香草荚，加热至 40℃。

2. 倒入另一份 30 克糖和 NH 果胶的混合物，搅拌均匀，煮沸并继续加热 1 分钟。

3. 离火，加入柠檬浓缩液和去核的樱桃，混合均匀。

4. 倒入模具内，冷藏，待用。

柠檬奶油慕斯
配方：

蛋黄	120 克	青柠汁	60 克
糖	150 克	白巧克力	100 克
柠檬皮	1 个	吉利丁片（用 100 克水浸泡）	20 克
青柠皮	1 个	盐	2 克
柠檬汁	60 克	打发淡奶油	550 克

制作过程：

1. 在蛋黄中加入糖，混合拌匀。

2. 将柠檬汁、青柠汁、柠檬皮、青柠皮和盐混合，加热至沸腾，倒入"步骤 1"中，混合均匀，继续加热至沸腾。离火。

3. 倒入隔水化开的白巧克力中，同时加入泡水的吉利丁，用打蛋器搅拌，冷却至 30℃。

4. 分次加入打发淡奶油，混拌均匀，待用。

淋面
配方：

水	150 克
糖	300 克
葡萄糖浆	300 克
炼乳	200 克
吉利丁片（用 150 克水浸泡）	30 克
白巧克力	300 克
红色色素	适量

制作过程：

1. 将水、糖和葡萄糖浆混合，加热至 103℃。

2. 加入炼乳、泡软的吉利丁片和化开的白巧克力，混拌均匀。

3. 将"步骤 1"倒入"步骤 2"中，混合均匀。

4. 加入适量红色色素，用打蛋器混拌均匀。

5. 静置，隔天使用。

组装
配方：

巧克力片	适量

制作过程：

1. 将红色天鹅绒海绵蛋糕铺在模具底部。

2. 将柠檬奶油慕斯填入模具至一半高度。

3. 放入冷冻糖渍樱桃。

4. 再次灌入柠檬奶油慕斯直至填满整个模具，将表面用抹刀抹平，冷藏至隔天。

5. 取出后脱模，进行淋面。

6. 用在巧克力片上有三个巧克力心的巧克力件装饰。

模具：
Moonlight Sonata1000
尺寸：230 毫米 ×178 毫米，高 53 毫米
容积：1000 毫升

BROWN CAKE WITH PASTRY CHEESE LAYER

酥皮芝士蛋糕

配方由 PT Gandum Mas Kencana 技术顾问 Novaria 提供。
图片由 Doc. PT. Gandum Mas Kencana 提供。

海绵蛋糕

配方：

全蛋	5 个	水	36 克
Haan 棕榈糖	100 克	奶油奶酪	250 克
蛋糕乳化剂	1 茶勺	甜炼乳	25 克
中筋面粉	125 克	Haan Fiesta 糖霜	40 克
黄油（化开）	75 克	Colatta 白巧克力（化开）	100 克
香草香精	1/4 茶勺	Haan 打发淡奶油	300 克
		香草香精	1/4 茶勺
		柠檬皮屑	2 克

准备：

1. 将烤箱以 165℃预热。

2. 准备三个直径 22 厘米的烤盘，铺上烘焙纸。

制作过程：

1. 混合全蛋、Haan 棕榈糖和蛋糕乳化剂，充分搅拌均匀直至打发。

2. 加入化开的黄油、中筋面粉和香草香精，混拌均匀。

3. 倒入 3 个烤盘中，用抹刀抹平，入烤箱，180℃烘烤约 20 分钟。

制作过程：

1. 将吉利丁片放入水中，用水浸泡变软，待用。

2. 将奶油奶酪、甜炼乳和 Haan Fiesta 糖霜混合打发至顺滑。

3. 加入化开的 Colatta 白巧克力和 Haan 打发淡奶油，混拌均匀。

4. 加入化开的吉利丁片、香草香精和柠檬皮屑，搅拌均匀，冷藏待用。

千层酥皮

配方：

千层派皮面团	2 片（厚度在 3~5 毫米）
蛋液	适量

制作过程：

1. 用模具在千层派皮面团上刻出直径为 22 厘米的圆形。

2. 在表面刷上蛋液，入烤箱，以 200℃烘烤全表面金黄。

奶油糖霜

配方：

吉利丁片	9 克

组装

配方：

打发 Haan 淡奶油	适量
水果	适量
巧克力装饰件	适量

制作过程：

1. 将奶油糖霜注入裱花袋中，装上裱花嘴。

2. 将奶油糖霜以画圈的形式裱挤在海绵蛋糕上，再放上一片千层酥皮。

3. 重复"步骤 2"。

4. 用打发的 Haan 淡奶油在蛋糕顶部进行装饰，并用水果和巧克力装饰件装饰。

CHEESE MACARON

奶酪马卡龙

配方由 2017 年 8 大巧克力大师之一的 Tania Rahendra Chen 主厨提供。
图片由 Dwi Ratri Utomo 提供。

马卡龙

配方：

蛋白	100 克
杏仁粉	130 克
糖粉	130 克
糖	90 克
塔塔粉	1/4 茶勺

制作过程：

1. 将杏仁粉和糖粉混合过筛。
2. 将蛋白、糖和塔塔粉混合，搅拌均匀至打发。
3. 将蛋白霜和过筛的粉类混合拌匀，用刮刀搅拌至面糊呈现缎带状。
4. 注入直径 9 厘米的马卡龙模具中。
5. 入烤箱，以 180℃烘烤约 20 分钟。

巧克力泥巴蛋糕

配方：

水	190 克
糖	300 克
咖啡	2 茶勺
黄油	284 克
黑巧克力	250 克
面粉	300 克
可可粉	150 克
小苏打	1/2 茶勺
发酵粉	2 茶勺
盐	1 茶勺
全蛋	4 个
全脂牛奶	125 克

植物油	2 茶勺

制作过程：

1. 将水、糖、咖啡、黄油和黑巧克力混合，加热化开。
2. 将所有干性粉类原料过筛，加入"步骤 1"中，混合拌匀。
3. 加入全蛋、全脂牛奶和植物油，混合均匀。
4. 入烤箱，以 180℃烘烤约 45 分钟。
5. 出炉，冷却，切片备用。

奶油霜

配方：

黄油	250 克
糖粉	150 克
全脂牛奶	2 茶勺

制作过程：

1. 将所有原料混合，打发至顺滑。

组装

配方：

切达奶酪片	2 片
草莓果酱	200 克

制作过程：

1. 在每个马卡龙壳内，放上一片巧克力泥巴蛋糕，再用奶油霜填满。
2. 放上一片切达奶酪片和草莓果酱进行装饰。

LAYER BLUEBERRY CHEESECAKE

蓝莓芝士蛋糕

配方由 Rudi Hermawan 主厨提供。

海绵蛋糕底
配方：

Puratos 海绵蛋糕预拌粉	250 克
全蛋	185 克
水	50 毫升
麦淇淋（化开）	50 克

制作过程：

1. 将所有原料（除麦淇淋外）充分搅拌均匀，直至打发膨松。

2. 倒入化开的麦淇淋，混合均匀。倒入直径为 20 厘米的模具中。

3. 入烤箱，以 160℃烘烤约 30 分钟。

馅料
配方：

Puratos 熟芝士蛋糕预拌粉	600 克
蓝莓水果酱	150 克

制作过程：

1. 将所有原料混合拌匀，冷藏储存。

蓝莓酱
配方：

蓝莓（冰冻）	200 克
糖	50 克
吉利丁片	10 克

制作过程：

1. 将蓝莓和糖加热至煮沸，呈酱状。

2. 加入冷水泡软的吉利丁片，搅拌均匀后，
   冷藏储存。

组合
配方：

蓝莓（新鲜）	适量

制作过程：

1. 将海绵蛋糕底切成 3 份。

2. 用馅料将海绵蛋糕的夹层的中间填充满。

3. 将蓝莓酱作为装饰放在蛋糕上，在边缘一圈上摆放新鲜的蓝莓。

4. 将蛋糕放入急速冷冻柜中，冷冻 60 分钟左右。

KINGDOM
金城制冷

创造国际新水平

引领国际新潮流

昆山第二工厂

企业总部

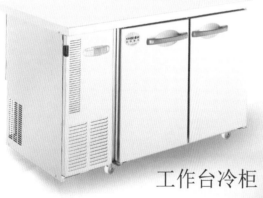

工作台冷柜

◇直流风机
◇食品级不锈钢材质

圆弧蛋糕柜

企业总部
上海市凯旋北路1288号环球港A座28-29层
（地铁3#、4#、13#金沙江路站直达）
电话/TEL：021-62168066

上海金城制冷设备有限公司
昆山金博特制冷设备有限公司
台湾冷链集成股份有限公司

金城官方微信

金城官方网站

1923年，Hans Wachtel先生创立了WACHTEL品牌，为各烘焙店家提供德国制造的烤炉、升降系统与冷冻冷藏装置。2006年，WACHTEL为了满足亚洲快速扩张的市场，在中国台湾省创立了亚洲分公司，将其作为亚洲区中转站，并转型为生产组装中心。到目前为止，业务范围已涉及全亚洲。近几年，WACHTEL尤为关注中国市场，认为中国市场具有巨大的发展潜力，所以为了更好地发展品牌、服务消费者，WACHTEL在2016年上海成立了上海瓦赫国际贸易有限公司，进一步巩固和提升了品牌的世界领导级地位。

上海瓦赫国际贸易有限公司

Tel. +86-21-50307969

上海市漕宝路36号英沃工场3幢105室

¤ 专访 Christophe morel

巧克力界最富激情的大师

Author || 栾绮伟　　**Photographer** || 刘力畅　　**Translation** || 徐文晶

Christophe Morel

个人经历：

来自法国的 Christophe Morel 是巧克力届公认的最有激情的大使之一。

作为一个享誉世界的巧克力手工艺者，他对巧克力有着极大的热情，对调和口味有着独到的技巧手法，还有惊人的创造力，这三者很快就将他推到了世人面前。

他不断获得各种大奖：
2003 年加拿大巧克力大奖；
2005 年里昂甜点世界杯巧克力造型第一名；
同年在巴黎举行的世界巧克力大师第四名；
入围了法国最佳手工艺者比赛的决赛；
自 2005 年起有了自己的巧克力店。

扫码立即观看
christophe morel
独家采访视频

Q: 在欧洲一些国家，最近有没有比较流行的巧克力产品？

A: 在欧洲，巧克力一直都很流行，几乎所有类型的巧克力都很受大众欢迎。当然国家不同，欣赏的口味自然也不同：在法国，黑巧克力比较流行；在瑞士、比利时，牛奶巧克力比较受大众欢迎。其次不同的季节，大众的口味也会随之变化，通常在圣诞节和复活节期间，巧克力的销量都会大增。

Q: 老师认为比较经典的巧克力有哪些？这些经典巧克力老师有改良过吗？请举例说明下。

A: 我认为有很多经典的巧克力，巧克力业和甜点业是很相似的，都是以传统为基础，然后再去不断地完善，并且寻求用更现代的方式去展现它，这是个改革创新的过程。如今我们追求精细、少糖、少油的产品，例如榛子松露，我以自己的方式重新创作了榛子松露，传统的榛子松露内馅是甘纳许，外壳裹了一层可可粉。我是用巧克力给内馅挂浆，然后裹一层榛子碎，最后再用巧克力挂一次浆。

Q: 在国外的一些巧克力专卖店里，巧克力成品都是怎么分类的？

A: 在国外的巧克力店里，几乎都能找到各种各样的现做的巧克力，都能保存 1~3 个月。通常可分为榛果巧克力糖、甘纳许巧克力糖、焦糖味的巧克力糖，还有很多装入小瓶的巧克力酱、夹心巧克力糖、一口酥，还会有果酱、抹酱等。巧克力的种类非常多。

Q: 在国外，巧克力除了放在店面售卖外，还有哪些方式比较受大众喜爱，比如说巧克力伴手礼、巧克力喜糖？在国外也有这样的定制习俗吗？有没有令老师印象特别深刻的例子？

A: 在国外的婚礼上也是可以看见巧克力糖的，但国外的婚礼还是以糖衣果仁为主。单独就巧克力而言，还是在圣诞节、复活节上会经常作为礼物呈现。尤其在复活节上，会将巧克力做成兔子、鸭子以及各种动物的形状。

Q: 在老师的印象中，哪个国家的人最喜欢吃巧克力？形成这种喜好的原因，老师认为是什么？

A: 就个人而言，感觉瑞士人最喜欢吃巧克力，其次是比利时人和法国人。总体而言欧洲人还是比较喜欢巧克力的，然后还有北美地区，如今，在中国巧克力也相当受大众欢迎。因此对于巧克力制作的要求也会越来越高，需要满足各国人的口味，让大家都能接受。

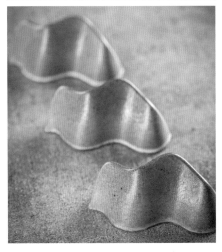

Q: 代脂巧克力在国外是不是也常见？

A: 在国外，代脂巧克力也是比较常见的，首先百分百的可可脂是很贵的，所以在纯正可可脂中稍稍加入代可可脂混合一下，也是一种不错的选择。其次，纯可可脂的巧克力对温度相当敏感，因此在一些较热的国家，代脂巧克力就比较常见了。

Give one of the best

Q: 老师制作巧克力的历程中，主要的阶段有哪些？

A: 最初我从巧克力学徒做起，1周在学校学习，2周在店里实习，这样的学习经历持续了两年，之后我拿到了专业的文凭，也开始了我的巧克力职业生涯，并且参加了各类比赛。在2003年时，我拿到了加拿大巧克力大奖，在2005年里昂甜点世界杯中获得了巧克力造型第一名，同年在巴黎举行的世界巧克力大师获得了第四名，现在我已停止参加比赛了，我希望将更多的机会留给年轻人。

Q: 巧克力原材料的品种非常多，老师偏爱哪种巧克力原材料来制作产品？

A: 我喜欢的原材料非常多，如香橙、香菜、咖啡、香草等，我都喜欢将它们融入到巧克力里。

Q: 制作巧克力时，老师有没有特别喜欢的模具？自己有为某些产品特地制定过模具吗？

A: 我正常都使用 Polycarbonate（聚碳酸脂）材质的模具来制作巧克力，或者稍微硬一点的模具，这样的模具可以让巧克力的外壳很光亮，外形更加好看。

Q: 评价一个巧克力产品，老师喜欢从哪几个方面进行？

A: 首先我会先看巧克力的外观，它是什么颜色的、是否有光泽？其次会去闻它，是否能有一些香味？最后是品尝，让巧克力在口里化开，鉴别它的独特口味。

Q: 可可脂含量影响着产品的质地，在老师看来，可可脂含量高的材料适合哪些产品？可可脂含量少的呢？

A: 可可脂含量会影响产品的质地，但很难去总结可可脂含量高的材料适合哪些产品，这需要看做什么样的产品。

Q: 老师有自己的研发团队吗？主要研发方向是哪些？

A: 我有自己的巧克力制作团队，但是负责研发的主要是我自己，我每年都会研发出新产品，从口味、外观到包装都要有创新。

Q: 老师现在在经营着一家店面，主要的目标人群是哪些？主要产品有哪些？

A: 我有自己的巧克力工作室，有完整的工作生产线，也有一个小型培训中心是专门用于培训巧克力师的。巧克力工作室主要生产带有自己logo 的巧克力，是其他巧克力店的供应商，也给一些高级酒店（Sofitel）和餐馆制作巧克力。一般工作室接受的都是高端或者中高端的定制。

Q: 巧克力工作室的业务往来主要涉及哪些方面，有没有与培训、加工厂合作过？

A: 我是 COCO BARRY 的大使之一，也一直和他们合作，同时我还是一名国际型的巧克力制作顾问，也和许多巧克力甜点店有过合作。

Q: 这次来中国授课，有没有什么收获？

A: 我经常在世界各地讲课，这次来到中国感觉非常好，尤其这次还是线上课，这是一次不一样的经历。在课程中也将自己的一些巧克力知识传授给大家，在一个行业里，学习和分享知识是非常重要的。

¤ 专访 近藤康浩

致力于为每一道料理提供
相匹配的日本酒

Author ‖ 栾绮伟　　**Photographer** ‖ 刘力畅 .王飞　　**Translation** ‖ 丁南云

近藤康浩

个人经历:

从小生长在经营着乌冬面店的父母身边，由此对料理有着浓厚的兴趣。

从高中毕业到大学入学时，一直在制作手打乌冬，同时一边于大学时代起以模特的身份活跃在时尚圈与电视广告中。

27 岁的时候因为父亲病倒，决心继承父亲所经营的乌冬店。并创造了一边提供刚煮好的乌冬，一边在等待时提供日本酒的店。现在看来似乎是理所当然的，但是在当时的日本这样的店几乎没有。即便是现在，也以提供和每一道料理相匹配的日本酒为己任。

并且开始创作及积极出演各种讲座和宣传。

1969 年 5 月 27 日出生；

2001 年 取得 SSI 协会日本酒资格，之后休会，2016 年恢复；

2004 年 取得厨师证；

2009 年 出版《从雨露汁开始教你下酒菜菜谱》；

2013 年 取得专利《配合全粒小麦粉乌冬的制作方法》；

2014 年 取得专利《煮出汁用调理器具》；

2015 年 在第一回 和食产业展览中演讲《高级豆乳与出汁的融合运用》；

2017 年 其店铺刊登于米其林指南推荐店铺中；

2017 年 参加橄榄油健康研讨会。

扫码立即观看

近藤康浩

独家采访视频

Q: 老师之前来过中国吗？谈一谈中国饮食给你的印象吧。

A: 没有，之前并没有来过中国，这次是第一次来，之前对中国食物的印象是大都很辣、油脂多、味道重，但是尝试过之后，对中国菜的认识还是有一定的改变的，比如深莼菜银鱼羹、糯米莲藕等菜，都是口感非常温和的食物。

Q: 老师制作的日本料理是传统的日式料理吗？核心是什么？

A: 比起传统日式料理，我的料理更偏向于革新派，产品会有潮流感。料理制作的核心是出汁，这个是非常关键的，对于每个厨师都是如此。

Q: 日本的传统料理中，比如怀石料理、会席料理，这些料理的精髓或者说传承的本质是什么？

A: 首先，在日本传统料理中最本质的在于忠实地表现出四季的变化，料理大都是需要采用最当季的食材来制作；其次在于精美的摆盘，摆盘中需要考虑的因素还是非常多的，比如说需要把食材原生态的味道清晰地表达出来。

Q: 老师在料理的制作历程中，有没有值得我们借鉴的学习历程，或者说你的料理学习历程有哪些？

A: 当时选择走上这条路，是因为我并不想成为一名工薪阶层，想走出自己的路。于是便尝试去学习料理制作。在学习当中，我与料理界的泰斗、日清食品的会长等人相识，受到他们的指点和鼓励，也有很多人对我说要"好好做"、"用心去做啊"，让我一直坚持在料理之路上走下去。正因为遇见了这些行业顶尖的人，让我不断地受到启发。很多人喜欢吃我做的料理，他们的认可，让我感到特别地开心。让人们吃到好吃的东西，并让他们感到满足，我觉得这是非常有意思的事情，他们也是我职业道路上的导师。

Q: 日本人民是不是都比较喜欢吃乌冬面？

A: 并不能这样说，例如与生奶油混合的乌冬面。这样的乌冬面大家褒贬不一。有的人单凭印象就判定这样的乌冬面不好吃。但是如果有美食评论家评论了这个很好吃，则大家都会争着去吃，然后就会觉得很好吃。这个现象蛮有意思的，也说明食客们是需要被引导的。

Q: 在老师的店面里，有没有自己觉得特别骄傲的地方？

A: 非常多，但是最值得我骄傲的还是我的食客们，
他们有的是普通人，有的是大明星，包括我非常
尊敬的日清制品的会长，很感谢他们喜欢我做的
东西。

Q: 在日本的饮食文化中，酒是非常重要的，老师曾
率先将酒和乌冬面结合，并且效果还不错，那么您是怎么想到这一点的呢？

A: 乌冬面煮好需要时间，在这个等待的时间里，有些顾客会产生急躁的心理，所以有
些店会将乌冬面事先煮好再放置一边、待用，但这样会影响乌冬面的口感。就是在
这样的情况下，有一天我的朋友告诉我，如果有好喝的日本酒，那么等待乌冬面的
时间也是能接受的。就是这样的一个契机，让我首先创造出了乌冬面和日本酒相结
合的模式。这在当时的日本，这样的店还是很少的。

Q: 老师的店面进行过宣传方面的工作吗？怎么让更多的人知道自己的店面，您有自己
的方法吗？

A: 从料理出发，例如刚才所说的乌冬面和生奶油的配合造成了舆论，所以会引起美食
评论家的注目，如果真好吃，这就是一个非常典型的宣传了。我自己还创造了冷
咖喱乌冬，并引起其他店铺的模仿。因为我的店铺是第一个开始制作的，所以也引
起了轰动。

いつも料理の道を歩き続ける

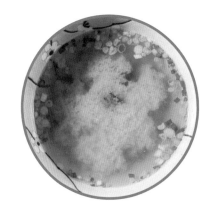

¤ 专访 韩磊

食品界的艺术家

Author || 栾绮伟　　**Photographer** || 刘力畅　王飞

韩磊

职称：国家高级技师

擅长：食品工艺研发、翻糖蛋糕、翻糖造型糖公仔、巧克力造型、艺术面包工艺、杏仁膏工艺、巧克力工艺、糖制品工艺的研发与教学。

个人简介：

2001 年进入王森咖啡西点学校，学习烘焙西点裱花蛋糕等；

2002 年加入王森团队；

2003 年从事翻糖蛋糕、杏仁膏蛋糕、捏塑、巧克力造型工艺、糖制品的研发；

2003 年开发捏塑课程；

2003 年开发翻糖课程；

2004 年多次与鲜奶油机构合作，于全国做蛋糕巡展演示；

2005 年荣获国际蛋糕比赛金奖；

2007 年参与国际酒店展览蛋糕比赛并荣获金奖；

2008 年参与北京《世界巧克力梦公园》展品设计和制作；

2009 年出版翻糖艺术饼干等书籍；

2009 年研发艺术面包工艺；

2009 年参与制作法国餐饮大赛，并荣获银奖；

2010 年参与制作中国台湾 3 场巧克力梦公园展品设计及制作；

2012 年参与设计和制作上海世博园巧克力梦公园作品，做出多个世界第一作品；

2013 年参与制作青岛花博会巧克力糖果仿真花卉设计制作；

2014 年参与制作海南世界巧克力公园设计制作；

2014 年担任王森集团美食家乐园研发部担任部门主管；

2014 年设计研发太湖窑巧克力作品开发制作；

2015 年参与杭州巧克力乐园设计与制作；

2015 年参加日本翻糖蛋糕比赛并获得最高奖（联合会会长赏）；

2016 年参与苏州园博会巧克力花艺馆作品设计与制作；

2016 年参加天津卫视（群英会）节目演出；

2016 年担任世界技能大赛江苏代表队教练；

2016 年担任世界技能大赛裁判；

2016 年担任世界烘焙大赛教练；

2017 年中国代表队领队王森，选手韩磊、王启路、张超，代表中国队荣获 2017FIPGC 世界甜点、冰激凌、巧克力冠军杯银奖，并同时荣获最佳艺术造型奖！

曾多次荣获烘焙大赛金奖、银奖；

参与王森学校出版王森书籍 30 本；

在 2001 年加入王森咖啡西点学校学习至 2003 年毕业后拜王森老师为师，进入王森研发中心从事翻糖蛋糕、翻糖造型糖公仔、巧克力造型、艺术面包工艺、杏仁膏工艺、巧克力工艺、糖艺工艺的研发至今。

这一次亚洲咖啡西点采访的主题人物是中国食品工艺大师韩磊，和韩磊见面时已近下午6点，地点在他的工作室里。
当时，他还在带领两个学生将翻糖入模，而这样的工作韩磊每天都会来回反复，经常工作到凌晨一两点。
工作室的空间偏狭长，桌子靠着四周的墙壁围成一圈，零散地摆放着工艺配件和工具，屋内中间开阔，只有几把凳子。
墙壁上挂着6副手绘食品工艺图，每幅图上都标注着日期，他的学生助理告诉我们，那是韩磊最近一个月的工作内容。
工艺图就像是建筑师手中的图纸，每一笔勾画都需要精细到毫厘，从画出来到做出来，还需进行反复地思量和修改，
而6副作品显然已将韩磊的时间挤得满满当当。
韩磊笑着说，现在我的生活就是我的工作了。
从16岁到现在，食品工艺陪着韩磊走到了人生的黄金阶段，让他结识到了良师益友，碰到了一生的爱人，有了自己
的第一个孩子，达到了一个让人望其项背的技术层面，多年的艺术熏陶已愈发使他变得沉稳内敛，工作的热情和兴趣
依然让他保持着非常好的工作方式和态度，令人羡慕的人生状态，大概也就是如此了。

TURNING IS A CASUAL ACCIDENT, BUT ALSO DESTINED TO BE INEVITABLE.

转折是不经意间的偶然，也是命中注定的必然。

2000年，韩磊还是一个叛逆的16岁年轻小伙，喜欢天马行空，喜欢涂鸦和绘画。在那一年的夏天，他无意间得到了一张王森学校的宣传单，单页上的图画是一个用巧克力做成的礼盒样式的蛋糕，当时的他不知道原来蛋糕可以做成这个样子，觉得非常新奇。于是，那张单页就像命中注定一样，停落在当时正值工作选择迷茫期的韩磊手中，他说："真的就是因为那一个宣传单，我就选择了烘焙这个行业。"

2001年韩磊进入王森咖啡西点学校，学习烘焙西点裱花蛋糕，从那时开始，韩磊就开始了自己的漫长而枯燥的学习生涯。

韩磊师从我国烘焙大师王森，是王森老师的直系弟子，在学习技术的同时，王森老师的执着与坚持也同样影响着韩磊。他现在回忆那段历史，谈到最多一个字是苦，韩磊感慨地说："真的很不容易，如果再重来一次，不知道能不能那样坚持下来。"

当时的条件非常的艰苦，一间宿舍能住几十个学生。每天的练习从早上7点到晚上9点，中间除了吃饭的时间，几乎都是在站着，站着做裱花，站着做蛋糕，站着做巧克力，一天14个小时，一年4984个小时。

因为努力和天赋，韩磊很快就从众多学员中脱颖而出，从慢速学习班升到快速学习班，在一年当中，他从一个叛逆的年轻小伙变成了一个人人夸奖的三好学生。"那个时候我找到了目标，对于那个年纪来说，找到一个确定的目标是非

常幸运的事情。而现在回头看，也让韩磊越发敬佩当时的自己，他说，非常感谢曾经那么努力的自己。

一年多的学习生涯，韩磊学到了很多，但是因为科系的划分让他并没有太多的经历接触到当初印在宣传册上的那个礼盒蛋糕，毕业后，他依然想把它做出来。所以他选择了留校。那次的选择从现在看来像是一个人生转折点，但是在当时来说，那是最自然不过的选择："我相信王老师，也相信他所领导的王森学校。"韩磊非常自信地表示，而就现在而言，显然这个选择是对的。

留校之后的他，开始了捏塑、巧克力造型工作，也慢慢转型到后期研发，这个过程持续了两三年的时间，一开始的工作是由王森老师做方向指导，之后韩磊再一步一步地开始自己掌握产品的大脉搏，逐步自己主导完成产品。从研发开始，韩磊才进一步打开了行业的大门，吸收更多行业里和行业外的知识。

在一年又一年的创新和积累之后，2015 年，韩磊又一次完成了别人眼中的不可能。那一年，他参加了日本东京蛋糕展，那是在亚洲比较有影响力的一个比赛，在这之前，国人几乎没有参与过此类比赛。韩磊作为中国第一人参赛，也得到了第一个属于中国人的奖项——联合会会长赏，这个奖项是蛋糕展中的最高奖项。"那次比赛是第一次参加，而我们中国的作品还没有和他们（其他国家）进行过这样的比拼，这所隐含的文化差异有可能会让评委们难以接受。"但是即便这方面的顾虑很多，韩磊还是在蛋糕中加入了中国刺绣等多种中国元素，他说，"走出国门的时候，就想把中国手工技法展现给大家，想让别人认识更好的中国食品工艺。"

完成这个比赛之后，韩磊的工作变得更多了，接触的面也更加的广了，也让他看到了自己更多的进步和上升的可能，毕竟是技无止境，而在更好的环境下，我们也有理由相信未来韩磊会走得更远，因为热爱和追求是无法替代的加速器和保养剂。

1

THE CORNERSTONE OF SU

FROM HIMSELF AND FROM T

成功的基石，源于自己，也来自家庭

韩磊参加烘焙学习的时候，不但遇见了影响自己一身的职业，也遇见了人生中的另一半——顾碧清老师。顾老师是韩磊的同门师妹，也是我国非常有名的翻糖工艺大师。他们拥有相同的兴趣与爱好，并对此都有终生追求的意志。两个人因为爱好相识，因为志向相知，因为性格相爱，彼此契合地走了长达八年的恋爱历程。韩磊谈到妻子，未说话时，笑意就已先显现在嘴角："很庆幸在人生中，遇到她。"韩磊幸福地说道。

在日常生活中，韩磊像是一个大暖男，待人接物非常平和，而顾老师则是一个非常活泼的性子，两人的性格互补，虽然也会产生一些小摩擦，但是都没有变成大的争吵，是一对模范夫妻。

近几年，随着工作的日渐繁忙，韩磊在家庭上花的时间越来越少，对于妻子他感到很抱歉，尤其是在有了孩子之后。2012 年，韩磊和顾碧清有了一个非常可爱的男孩，两人的生活变成三口之家，顾老师为了更好地照顾家庭，慢慢地将重心转向家庭，同样作为技术工作者的韩磊深知这一个转变得不得以，他说："没有我的老婆，就没有现在的我。"

3

在闲暇之余，韩磊会和妻子带着儿子一起去旅行，在每一段走走停停中，增加一家人的感情。

讲到家庭活动，韩磊也聊到了他们与亚洲咖啡西点的一次合作，那是在2015年时，韩磊一家为杂志拍了一期主题季，那一期拍摄的氛围和效果都非常好，至今常常被我们的读者提起，"谢谢亚洲咖啡西点给我们的这个机会，给我们家庭留下这样一个回忆，挺好的。"

对于自己的孩子，韩磊有着身为人父的骄傲，"他已经在上幼儿园了，非常懂事。平常的时候，他也特别喜欢艺术性的东西。"在韩磊老师工作室，我们看到了小孩子的随手涂鸦，还有那颇具抽象艺术风格的泡沫造型，韩磊笑着说："暑假的时候，也会把他带到我们的工作室，给他找一个泡沫板，他也能玩得很好。"

另外，韩磊也透露小孩子在学习当小模特，结合着这个方面，韩磊也想把自己的工作热情发挥到了儿子身上，"我在想未来有可能的话，给我儿子用食品工艺做一身衣服让他走秀，效果应该也会很好。"

S COMES

MILY.

图1 - 韩磊和妻子顾碧清合作作品。
图2 - 韩磊为世赛选手培训。
图3 - 韩磊＆王启路＆张超，获得了FIPGC世界冠军杯（意大利冠军赛）中国区预选赛冠军。
图4 - 5 韩磊＆王启路＆张超，获得了FIPGC世界冠军杯（意大利冠军赛）团体第二名奖、最佳艺术造型奖。

用工艺超越一切不可能，然后做出一切的可能

韩磊从2000年入行，到如今已是17年的光景。从产品制作到如今的产品研发，在烘焙这个大圈子里几乎每一个角落都能找到他的身影。

2008年时，中国流行起了食品工艺的美学艺术，韩磊与王森的技术研发团队一起参与了北京《世界巧克力梦公园》展品设计和制作，之后接连在中国台湾展出了3场巧克力梦公园，以及后期的上海世博园巧克力梦公园、青岛花博会巧克力糖果仿真花卉和海南世界巧克力公园等文化活动。

活动中，韩磊都参与了策划与制作，而这样的一个活动的规划实施，短则一个月，多则一到两年，十分考验一个团队的协作能力。"在确定一个活动的主题后，策划产品需要考虑的因素非常多。比如说如果用巧克力来讲述中国的某一个历史，我们需要想到这段历史的代表性故事，还有隐藏在故事底下的代表性器物，比如说青铜器和兵马俑就是秦始皇时期比较好的代表，然后我们再去想用什么做、怎么做。"

工艺作品展能非常快速地提升一个人的技术，而且往往还能带来突破性惊喜，当然，这取决于个人对自身的要求。如果一个工艺师没有想法，他就不会去设想自己难以办到的造型，就很难取得突破。

韩磊不喜欢给自己设限，他说："食品工艺不是复制品，它的生命力是由食品工艺师们去完成的。如果不去打破界限，那么你就会永远困在笼子里，那个笼子就是思想上的锁。如果思想不打开的话，做出的东西都会是别人的东西，而你只是在抄袭。"

韩磊喜欢挑战和创造，喜欢一切和艺术有关的东西，在平常的工作和生活中他会积极主动去搜集各方面的知识去充实自己。艺术创造是一个积累的过程，临时抱佛脚的效果是达不到要求的。他多年来一直都有一个习惯，就是每天搜集各种各样的图片，像路上随手画的涂鸦、壁画，像家中常用的吸尘器、水管，像艺术展览中的插画与油画等，他的手机里面的图片每天都在增加。"我喜欢搜集这些，但不会去复制这些。有趣的东西会在我的脑中留下记忆，然后变成我自己的知识储备，在必要的时候会出现在我的作品中，可能会变成一个支架，可能会是一个小零件。"

除了对于生活中的细节积累，韩磊也在积极地学习各种手工业的制作方法和技巧，他学习过木工，学习过刺绣、学习过陶瓷，也喜欢城市建筑、服装展览等。他认为所有的手工业是共通的，有非常多的共性，这些共性在他的眼中都能变成点，每一个点都能被他吸收，然后再自由拼接形成自己能够利用的部分。

由于工作的深入和一些身份的转变，在近两年，韩磊也将自己的眼光放在了工业领域上。

从很早之前，韩磊就知道借助工具来让自己的造型更加完美，比如说自己设计干燥箱来保存自己的产品零件，不但能快速风干，也能使产品长时间保存良好。今年韩磊成为了中国世界技能大赛教练组组长，

主抓技术制作这一板块，为了更快地让选手理解作品的意义，他也必须去学习一些更快捷的方式去帮助学员完成作品，比如说模具定制。

定制在国外非常流行，目前国内只是非常小众的一些群体会使用。韩磊在定制模具的道路上碰了不少壁。"有很多次我的想法提到工厂那边，对方给出的反应都不是很积极。我会先沟通，让对方先做出一个大致的样子，然后根据这个基础，再去一步一步地与工厂磨合。"当然，并不是每次的沟通都能达到自己满意的效果，于是，韩磊就自己摸索着去制作模具，他们成立了属于自己的模具工作室，尝试制作完成的几个大胆的作品，甚至得到了专家的大力肯定。

SET A CHAMPIONSHIP DREAM
FOR A NEW GENERATION OF
THE YOUNG

图1 - 韩磊为上海名厨中心设计的巧克力工艺造型。
图2 - 韩磊获得了FIPGC世界冠军杯（意大利冠军赛）中国区预选赛冠军作品。
图3 - 韩磊参加FIPGC世界冠军杯（意大利冠军赛）中国区预选赛。
图4 - 韩磊为44届技能大赛选手设计的艺术面包造型。

给新一代年轻人树立一个冠军梦

虽然食品工艺现在还是小众艺术，但是对于一个技术传播者来说，韩磊身上显然也肩负着传承者的责任。"我是一个老师，无论是面对教室中坐着的学生，还是训练班中的两三个选手，我都需要告诉他们技术的基本操作方式，还有从事工艺者必须拥有专注的精神，以及坚持对艺术性的追求和创新。"

传承的基础是要有人，怎样吸引更多的人走进这个行业，是每一个从事行业教育的人都会关心的一个问题。韩磊作为一个技术工作者，从这个层面来说，他认为将产品做得足够亮眼，总会攻破喜爱者的心理防线，就像

当初他看到的那个宣传单页一样。

所以他一直积极地参与大型食品工艺展览会，也会参加各种烘焙展，用技术创作来展示平台风采。"每年的烘焙展，我们学校（王森学院）都有参加，也会准备很多展品，那些展品中所运用到的技术都是最先进的，造型艺术也是独一无二的。因为坚持这样的准则，所以，每年的展台都是烘焙展上的一个亮点。并且产品中的元素会被很多人借鉴，在一年当中成为潮流。"他认为，不管喜爱的人有没有来学习，向他们展示用食品材料可以制作出这样的艺术品来，也是一种传播。

现在，韩磊是王森学校的技术总监，也是世

界技能大赛的教练组组长，而他所带领的学员都是年轻一辈中的佼佼者，也是新一代技术的中坚力量，帮助这批年轻人走向更好的未来是韩磊的工作，让这批学员中出现冠军则是韩磊的使命和目标，也是他对于这个行业独特的传播方式。

他说："我曾经也有这样的年纪，了解年轻人的迷茫和不坚定。他们需要一个榜样，或者说需要一个目标人物，让这些孩子看到自己在行业里的未来和希望。而这，就是我现在急需要做的事情——给新一代年轻人创造一个食品工艺领域的冠军梦。"

艺术可以去迎合，
但是永远也不会缺失。

食品工艺起源于国外，已经传播了近百年，在中国兴起得比较晚。它和甜品面包技术一样，对于我们来说都是一个舶来品，属于食品烘焙领域。同一领域相比之下，食品工艺在国内的传播与兴起要慢得多。国内的很多喜爱烘焙的人认为食品工艺是一个不实用的技术，不是非常热衷，重视程度也一直不够高。

对于这种现象，韩磊有着自己一个比较独特的见解，他说："食品工艺本来就不是大众产品，它不是主流。在国外，人们称食品工艺者为艺术家，代表的是对这个行业的尊敬。尊敬的主要意义就在于食品工艺者将食品看作成艺术，继而开发出类似于艺术品的产品。它是属于高端层面的食品艺术欣赏。"

一个社会对于一个行业的认知过程，不是一蹴而就的。基本都要经历从小到大的普及过程。但是社会的重视程度，以及行业对自身的宣传和传播也能对这个认知过程产生非常大的影响，比如说国际上非常著名的烘焙赛制主要集中在欧美国家，也就是韩磊所说的"将食品工艺者称为艺术家"

3

4

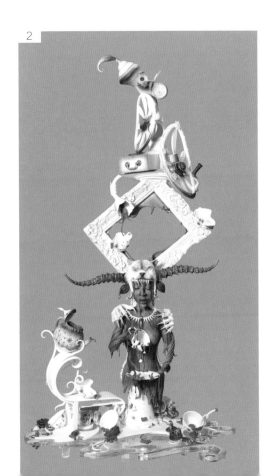

2

的地方，这些大赛中几乎都需要参赛选手用食品工艺技术制作完成一个作品，而且分值都比较高，这是大赛对食品的重视，也是行业对传承的尊重和认可。

食品工艺考察的是一个烘焙师对食品领域了解的广度和深度，韩磊开玩笑地说："就像服装走秀表演与服装售卖一样，这是两个层面的展示，难道就因为服装走秀的衣服不平民，它就没有存在的价值吗？"

答案显然不是的，如果食品工艺变得具有实用性，那么它也就失去了很多艺术性。食品工艺的艺术性决定了它的存在价值和市场地位，这个在短时间内不可能改变，甚至永远不会改变。它可能会迎合，但永远不会缺失。

爱果者 SAY 恋上水果 撩动味蕾

Article from || 常州森派食品有限公司

当充满酸性的水果与优乳完美融合，在奶油中添加果汁、酸奶、果泥、咖啡等流体食材，把西点和蛋糕的风味及营养价值得到扩展，延伸也就成了现实。爱果者，一种多用途耐酸奶油在约翰的多年研发下应运而生。

情色迷离

来自意大利的名厨约翰是新田园主义美食的热烈爱好者和推崇者。

约翰认为爱果者多用途奶油因为完美地融合了水果的口味和特性，具有超强的耐酸性，因此具有易打发、好造型、易保存的优势。

缤纷佳人

爱果者多用途奶油相比其他动物奶油有更高的打发率，一升植物性奶油可以轻松裱三至四个八寸蛋糕，具有造型更好、打发后稳定性更强、不会出现塌陷现象的特点，适用于各种造型，也更容易保存。同时水果中丰富的营养物质，这些多汁且有甜味的植物果实，为我们身体提供了所需的各种营养和能量，而且能够帮助消化。这也使得爱果者奶油的口感更佳，营养更为丰富，更易被人体所消化吸收。

爱果者多用途奶油的搭配也更为恰当和自由，可以 2:1 任意添加果汁、酸奶、饮料等液体食材；也可以 1:1 任意搭配果泥、果酱、果蓉等浓稠食材。

华美乐章

CRUSH ON
FRUIT
EVERY TASTE
BUD

由于和水果食材之间如此完美的融合性和搭配度，使得用这种奶油做出来的优乳蛋糕更具多样性和自由度，随着搭配的芒果、苹果、草莓等各种水果食材种类的不断变化，口感也随之更加丰富多变，配合各色嫩滑细腻的果肉，入口即化，伴随着淡淡的果香，不断地撩动味蕾，使食客们的味觉享受仿佛乘坐过山车一样不停地起伏变化，编织出各不相同的美妙乐章，宛如置身于一场水果的梦幻乐园，让人回味无穷。

震撼上市

牧旗烘焙调理奶油

香醇浓郁的"乳脂"诱惑

"乳脂" 就是力量

常州森派食品有限公司

面包研修社

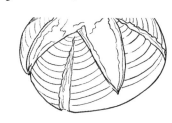

面包：我们制作面包。

研：研究和研发世界最先进的面包技术与知识。

修：修业
不仅仅把面包作为一项简单的工作而是当作
重要的学术去修行。

社：一个载体
聚集所有对面包有追求的人，提供优质的资
源，在面包的路上一起学习，共同成长。

面包研修社

世界上那么多人，只有一小部分
人喜欢面包，而这一部分人当中，只
有你选择了面包研修社，我知道咱们
一定是有特殊的缘分的。

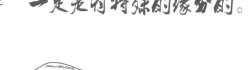

展艺

展艺烘焙 大展厨艺

展艺蛋糕糕模系列，满足您的家庭烘焙

展艺家居旗舰店 zhanyijiaju.tmall.com

展艺，中国家用烘焙品牌。自2011年以来，展艺一直致力于将烘焙变成一种快乐的生活体验。同时也是"轻松宜家制""健康烘焙"理念的倡导者。展艺专注于家庭烘焙市场，产品线包括烘焙器具、模具、工具、原料及包装，能够一站式满足家庭客户的需求。展艺产品设计新颖，质优耐用及品质保障，这些优势帮助展艺在中国拥有了众多的爱好者。

共享全球一流名厨师资
培育国际高端西点职人

和泉光一
日本甜点鬼才

阿诺德
法国甜点MOF

美食界的魔法学院

法式甜点研修一个月班

● 中法日三国师资联合授课；

● 领会欧洲甜品的考究用料、装饰技法、丰富的口感层次，
让你的产品提升档次拉开与竞争对手的差距；

● 领略日式甜品的低甜湿润细腻口感、可量化生产技巧解决
店铺热销产品无法量化生产的难题。

TEL:021-66770255
ADD:上海市静安区
灵石路709号万灵谷花园
56号楼A008

SUBSCRIBE NOW

书籍杂志订阅

订阅的 4 大理由

1. 独享价格优惠！
2. 额外获赠杂志及超值烘焙礼包！
3. 免邮费，21 省市提供快递服务！
4. 定时收到，不错过任何一期！

扫一扫，即可订阅！

食尚购

食尚购：
王森出版的书籍杂志，王森课程专用工具，惠尔通精选工具，三能工具系列，食尚电器，烘焙、料理、咖啡、裱花、糖艺、巧克力、翻糖工具一应俱全。

展艺牛轧糖礼盒　　展艺裱花嘴礼盒

展艺模具礼盒

《亚洲咖啡西点》杂志订阅

半年刊 **150 元**

订阅半年刊
即可获赠《亚洲咖啡西点》杂志往期一本

全年刊 **300 元**

订阅全年刊 即可获赠展艺烘焙礼品一份
+《面包店的合作伙伴》杂志一本
+《亚洲咖啡西点》杂志往期一本

两年刊 **580 元**

订阅两年刊 即可获赠展艺烘焙礼品一套（3 份）
+《面包店的合作伙伴》杂志一本
+《亚洲咖啡西点》杂志往期一本

个人订阅付款方式

微信微商城订阅

配送方式

1. 杂志 / 书籍

订阅成功后，将于 3 个工作日寄出，大部分订户会在月底收到月刊杂志，未收到当月杂志可致电查询。

2. 礼品

订阅礼品将于支付成功之后与杂志 / 书籍一起以快递形式寄出。礼品一经发出恕不调换。

3. 发票

如需发票，请提前告知。发票将与购买物品一同寄出。

温馨提示

1. 为保证杂志 / 书籍准时到达，我们将使用申通快递为您投递杂志，请核对您的联络信息和投递地址无误。您可事先了解本地申通快递情况，确保杂志顺利收取。

2. 如未收到杂志 / 书籍、礼品及发票，务必在一个月内查询，逾期恕不受理。

订阅注意事项：

· 订阅用户不再享受零售促销赠品。

· 上述礼品仅限杂志自办订阅活动，产品以实物为准，如礼品派发完本社有权赠送等值礼品。

·《亚洲咖啡西点》保留本次活动最终解释权。

学校官方网站：www.wangsen.cn　　微信号：17712638801
微博：http://weibo.com/639522567　　电话：17712638801